山东省职业教育课程改革教材

焊接技术应用专业

焊接识图

张永生　主编

山东科学技术出版社

图书在版编目（CIP）数据

焊接识图 / 张永生主编 . — 济南：山东科学技术出版社，2019.12

ISBN 978-7-5331-9551-9

Ⅰ . ①焊… Ⅱ . ①张… Ⅲ . ①焊接—机械图—识图—职业教育—教材 Ⅳ . ① TG4

中国版本图书馆 CIP 数据核字 (2018) 第 170270 号

焊接识图

HANJIE SHITU

责任编辑：邱赛琳　梁天宏
装帧设计：李晨溪

主管单位：山东出版传媒股份有限公司
出 版 者：山东科学技术出版社
　　　　　地址：济南市市中区英雄山路 189 号
　　　　　邮编：250002　电话：（0531）82098088
　　　　　网址：www.lkj.com.cn
　　　　　电子邮件：sdkj@sdcbcm.com
发 行 者：山东科学技术出版社
　　　　　地址：济南市市中区英雄山路 189 号
　　　　　邮编：250002　电话：（0531）82098071
印 刷 者：青州市东泰印务有限公司
　　　　　地址：山东省青州市黄楼街道办事处小陈村
　　　　　邮编：262517　电话：（0536）3532216

规格：16 开（184mm×260mm）
印张：13　字数：350 千
版次：2019 年 12 月第 1 版　　2019 年 12 月第 1 次印刷
定价：30.00 元

前　言

为了更好地适应全国职业技术院校机械类专业的教学要求，本书依据教育部2009年颁布的《中等职业学校机械制图教学大纲》，结合焊接技术应用专业特点和需求，以及中等职业教育课程改革创新精神，按照立体化教材建设思想编写而成。

本书编写的特色主要体现在以下几个方面：

1. 凸显职业教育特色

贯彻基础理论教学以"必需、够用"为度的原则，在教材内容的选择及课程结构体系方面做到突出职业教育特色。本教材将传统的理论讲述尽量简化，重点突出了识图能力的培养。

2. 融合焊接专业基础

全书内容不仅包括传统机械制图的基础知识和技能，还包括金属焊接图、焊接结构装配图的识读，与专业结合更加紧密，为后续专业课程的学习打下坚实的基础。

3. 采用最新国家标准

为了使教材更加科学和规范，编写人员积极贯彻新的国家标准和行业标准，体现了教材的先进性。例如采用了《产品几何技术规范（GPS）　几何公差　形状、方向、位置和跳动公差标注》（GB/T1182—2008）、《技术制图　标题栏》（GB/T10609.1—2008）、《焊缝符号表示法》（GB/T 324—2008）、《技术制图　焊缝符号的尺寸、比例及简化表示法》（GB/T 12212—2012）等新标准。

4. 力求直观的认知环境

在教材编写模式方面，尽可能使用图片、表格、实物或模型照片等形式将各知识点生动地展现出来，力求一个更加直观的认知环境。教材按任务驱动模式进行编写，分任务概述、任务要点、学习内容、拓展提高等环节，注重学生综合素质培养、知识面拓展和能力强化。

本书由张永生主编并统稿，周光源、刘现存任副主编。编写人员及具体分工如下：张永生（第六、七、八、九单元）、周光源（第三、五单元）、解洪亮（第二、四单元）、窦一曼（第一单元）、李呈志参与第七单元的编写任务，刘现存参与教材审定。

由于编者的水平有限，错误之处在所难免，欢迎广大读者提出宝贵意见。

编　者

目 录
CONTENTS

单元一
制图的基本知识与技能

 **单元概述**

在工程技术中，机械设计制造、检验与维修等过程都离不开图样，工程图样是工程技术的语言，是现代工业生产中的重要技术资料，具有严格的规范性。掌握制图基本知识与技能，培养画图和读图能力，也是焊接技术人才必须具备的基本素质。

本单元主要介绍国家标准《技术制图》和《机械制图》中的制图基本规定，并简要介绍绘图工具的用法以及平面图形的画法。

 制图的基本规定

 **任务概述**

为了便于技术交流，机械图样必须有统一的规范，为此，我国制定发布了一系列国家标准——"国标"，包括强制性国家标准（代号"GB"）和推荐性国家标准（代号"GB/T"）等。例如《GB/T 17451—1998 技术制图 图样画法 视图》，即表示技术制图标准中图样画法的视图部分，发布顺序号为17451，发布年号是1998年。

本任务摘录了国家标准《技术制图》和《机械制图》中有关内容，介绍机械制图的图纸幅面及图线要求等基本规定。

任务要点

1. 熟知国家标准关于图纸幅面和格式的规定。
2. 能正确识别读图方向。
3. 掌握比例的概念和选用原则。
4. 具有正确认知和选用各类图线的能力。

学习内容

一、图纸幅面和格式

1. 图纸幅面

为了便于图样管理，绘制图样的图纸，应按 GB/T 14689—2008 中规定的图纸基本幅面及图框尺寸。基本幅面代号有 A0、A1、A2、A3、A4 五种，见表1-1。

绘制图样时，应优先采用表1-1中的基本图纸幅面。必要时，可以按规定加长图纸的幅面，加长幅面的尺寸由基本幅面的短边成整数倍增加后得出。粗实线为基本幅面，细虚线所示为加长幅面，如图1-1所示。

表1-1 图纸幅面及图框格式尺寸

幅面代号	A0	A1	A2	A3	A4
$B \times L$	841 × 1189	594 × 841	420 × 594	297 × 420	210 × 297
a	25				
c	10			5	
e	20		10		

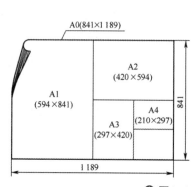

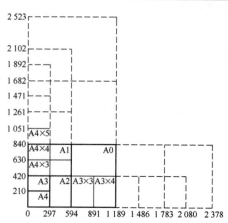

● 图1-1 五种图纸幅面与加长幅面

2. 图框格式

图框是图纸上限定绘图区域的线框，必须用粗实线画出。格式分为留装订边和不留装订边。

（1）留装订边格式 尺寸按图1-2的规定画出。

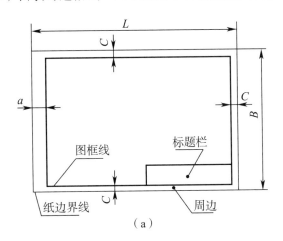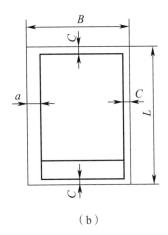

（a） （b）

▲图1-2 留装订边格式

（2）不留装订边格式 尺寸按图1-3的规定画出。

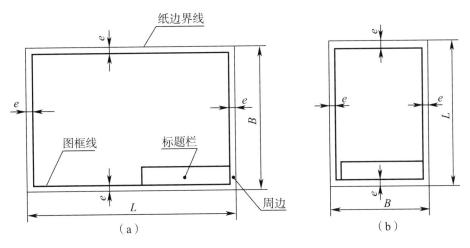

（a） （b）

▲图1-3 不留装订边格式

3. 标题栏

标题栏由名称及代号区、签字区、更改区和其他区组成，其格式和尺寸按 GB/T 10609.1—2008规定绘制，如图1-4所示。教学中建议采用图1-5所示标题栏。

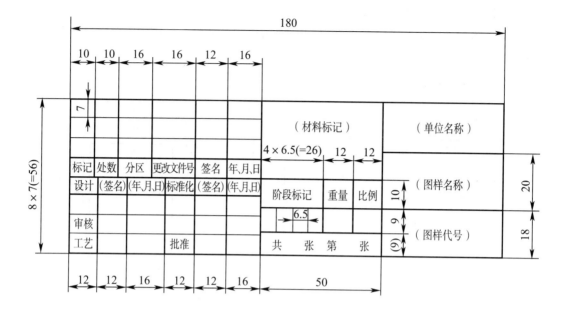

△图1-4　标题栏

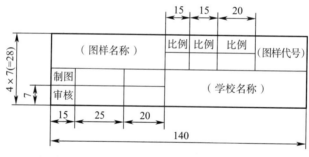

△图1-5　建议标题栏

二、比例

比例是指图样中图形与其实物相应要素的线性尺寸之比。当需要按比例绘制图样时，应从表1-2规定的系列中选取。

为了看图方便，建议尽可能按机件的实际大小即原值比例画图，如机件太大或太小，则采用缩小或放大比例画图。不论放大或缩小，标注尺寸时必须注出设计要求的尺寸。图1-6所示为用不同比例画出的同一图形。

表1-2　绘图比例

原值比例	1:1				
放大比例	$2:1$ $(2.5:1)$	$5:1$ $(4:1)$	$1 \times 10^n:1$ $(2.5 \times 10^n:1)$	$2 \times 10^n:1$ $(4 \times 10^n:1)$	$5 \times 10^n:1$
缩小比例	$1:2$ $(1:1.5)$ $(1:1.5 \times 10^n)$	$1:5$ $(1:2.5)$ $(1:2.5 \times 10^n)$	$1:1 \times 10^n$ $(1:3)$ $(1:3 \times 10^n)$	$1:2 \times 10^n$ $(1:4)$ $(1:4 \times 10^n)$	$1:5 \times 10^n$ $(1:6)$ $(1:6 \times 10^n)$

注：n 为正整数，优先选用不带括号的比例。

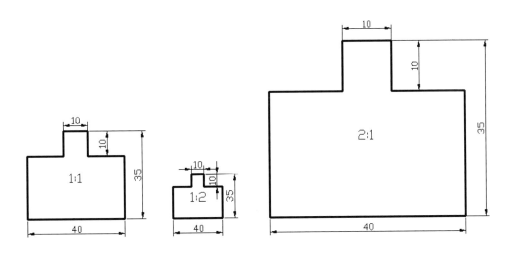

图1-6　不同比例的图

三、字体

图样中书写的汉字、数字和字母，必须做到字体工整、笔画清楚、间隔均匀、排列整齐。

1. 汉字

汉字应写成长仿宋体，并采用国家正式公布的简化字。字体高度（用 h 表示）的公称尺寸系列为：1.8mm，2.5mm，3.5mm，5mm，7mm，10mm，14mm，20mm。如需要书写更大的字，其字体高度应按比率递增。字体高度代表字体号，汉字常由几部分组成，为了使字体结构匀称，书写时应恰当分配各组成部分的比例，如下段文字所示。

字体端正　笔画清楚　排列整齐　间隔均匀

写仿宋体要领: 横平竖直　注意起落　结构匀称　填满方格

2. 数字和字母

数字和字母可写成直体或斜体（常用斜体），斜体字字头向右倾斜，与水平基准线约成 75°。字体示例见表 1-3。

图样中的字母和数字可写成斜体或直体，字母和数字分 A 型和 B 型，B 型的笔画比 A 型宽。用作指数、分数、极限偏差、注脚的数字及字母的字号一般应采用小一号字体。

表1-3　字母和数字分A型和B型

A 型大写斜体	*ABCDEFG*	B 型大写斜体	**ABCDEFG**
A 型小写斜体	*abcdefg*	B 型小写斜体	**abcdefg**
A 型斜体	*0123456789*	B 型斜体	**0123456789**
A 型直体	0123456789	B 型直体	**0123456789**

四、图线

1. 图线的线型及应用

绘图时应采用国家标准规定的图线线型和画法。国家标准《技术制图　图线》（GB/ 17450—1998）规定了绘制各种技术图样的 15 种基本线型。根据基本线型及其变形，国家标准《机械制图　图样画法 图线》（GB/T 4457.4—2002）中规定了 9 种图线，其名称、线型及应用示例见表 1-4 和图 1-7。

表1-4　图线的线型及应用（根据GB/T 4457.4—2002）

图线名称	图线型式	图线宽度	一般应用举例
粗实线	——————	粗（d）	可见轮廓线
细实线	——————	细（$d/2$）	尺寸线、尺寸界线、剖面线等
细点画线	– · – · – · –	细（$d/2$）	轴线、对称中心线
粗点画线	▬ · ▬ · ▬	粗（d）	限定范围的表示线

（续表）

图线名称	图线型式	图线宽度	一般应用举例
细双点画线	—— - - —— - - ——	细（d/2）	相邻辅助零件的轮廓线、轨迹线 零件极限位置的轮廓线、中断线
波浪线	∿	细（d/2）	断裂处的边界线 视图与剖视图的分界线
双折线	∿∧∿	细（d/2）	（同波浪线）
粗虚线	▬ ▬ ▬ ▬ ▬	粗（d）	允许表面处理的表示线
细虚线	- - - - - - - - -	细（d/2）	不可见轮廓线

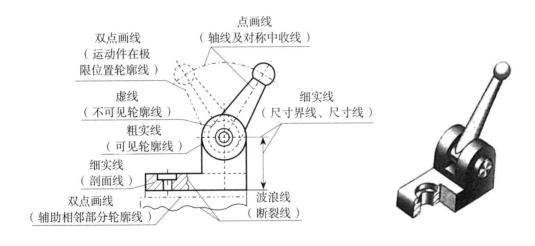

◆图1-7　图线的应用

2. 图线画法

（1）同一图样中同类图线的宽度应基本一致。虚线、点画线、双点画线的线段长度和间隙应大致相等。

（2）两条平行线之间的距离应不小于粗实线宽度的两倍，其最小距离不得小于 0.7mm。

（3）绘制圆的对称中心线时，圆心应为线段的交点。点画线的首末两端应是长画，而不应是短画，且应超出圆外 3 ~ 5mm。在较小的图形上绘制点画线有困难时，可用细实线代替，如图 1-8 所示。

（4）虚线与各图线相交时，应以线段相交；虚线作为粗实线的延长线时，实、虚变换处要空开，如图 1-9 所示。

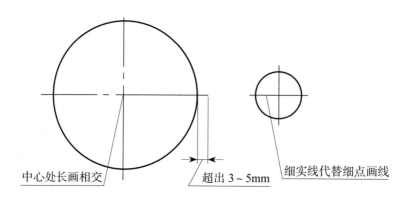

中心处长画相交   超出 3～5mm   细实线代替细点画线

⬢图1-8　细实线代替点画线

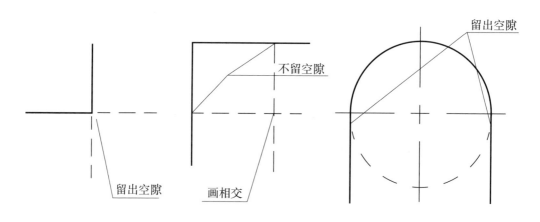

留出空隙

不留空隙

留出空隙   画相交

⬢图1-9　细虚线应用

![icon] **拓展提高**

　　在图样中，如果出现两种图线重合，只需画出其中一种，优先顺序为可见轮廓线、不可见轮廓线、对称中心线、尺寸界线。

任务二　尺寸标注

 任务概述

图形只能表示物体的形状，而其大小由标注的尺寸确定。尺寸是图样中的重要内容之一，是制造机件的直接依据。因此，在标注尺寸时，必须严格遵守国家标准中的有关规定，做到正确、齐全、清晰和合理。

本任务将学习标注尺寸的基本规则、尺寸要素及常用标注方法。

任务要点

1.理解标注尺寸的基本规则、尺寸要素及标注方法。

2.掌握圆（圆弧）、球、角度及小尺寸、对称图形等常见的尺寸注法。

3.熟知尺寸标注的注意事项并避免出现相应错误。

学习内容

一、标注尺寸的基本规则

1.机件的真实大小应以图样上所注的尺寸数值为依据，与图形的大小及绘图的准确性无关。

2.图样中的尺寸凡以毫米为单位时，不需标注其计量单位的代号或名称，否则需标注其计量单位的代号或名称。

3.图样中所标注的尺寸，为该图样所示机件的最后完工尺寸，否则应另附说明。

4.机件的每一尺寸在图样上一般只标注一次，并应标注在反映该结构最清晰的图形上。

二、标注尺寸的要素

标注尺寸由尺寸界线、尺寸线、尺寸数字三个要素组成，如图1-10所示。

1.尺寸界线

尺寸界线表示所注尺寸的起始和终止位置，用细实线绘制，并应从图形的轮廓线、轴线或对称中心线引出；也可以直接利用轮廓线、轴线或对称中心线作为尺寸界线。尺寸界线一般应与尺寸线垂直，并超出尺寸线约 2mm。

2.尺寸线

尺寸线用细实线绘制，应平行于被标注的线段，相同方向的各尺寸线之间的间隔约7mm。尺寸线一般不能用图形上的其他图线代替，也不能与其他图线重合或画在其延长线上，并应尽量避免与其他尺寸线或尺寸界线相交。

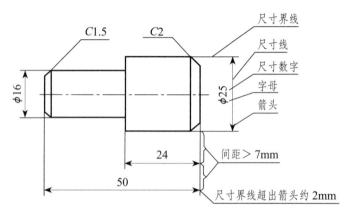

⭐ 图1-10　标注尺寸的要素

尺寸线终端有箭头［图 1-11（a）］和斜线［图 1-11（b）］两种形式。通常，机械图样的尺寸线终端画箭头，土木建筑图的尺寸线终端画斜线。当没有足够的位置画箭头时，可用小圆点［图 1-11（c）］或斜线代替［图 1-11（d）］。

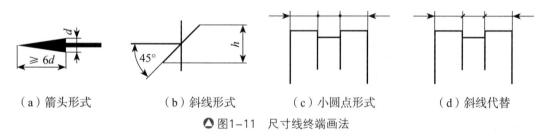

　（a）箭头形式　　　（b）斜线形式　　　（c）小圆点形式　　　（d）斜线代替

⭐ 图1-11　尺寸线终端画法

3.尺寸数字

线性尺寸数字一般应注写在尺寸线的上方或左方，也允许注写在尺寸线的中断处。注写线性尺寸数字，如尺寸线为水平方向时，尺寸数字规定由左向右书写，字头朝上；如尺寸线为竖直方向时，尺寸数字规定由下向上书写，字头朝左；在倾斜的尺寸线上注写尺寸数字时，必须使字头方向有向上的趋势。线性尺寸、角度尺寸、圆及圆弧尺寸、小尺寸等的注法见表 1-5。

表1-5 尺寸标注示例

内容	图例说明
线性尺寸数字方向	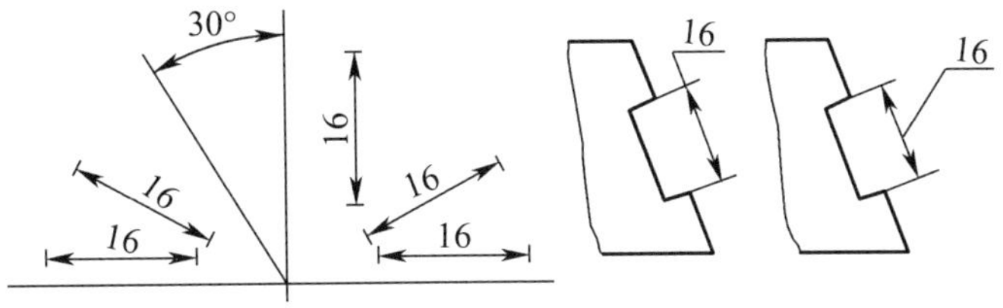 当尺寸线在图示30°范围内时，可采用右边几种形式标注，同一张图样中标注形式要统一
线性尺寸注法	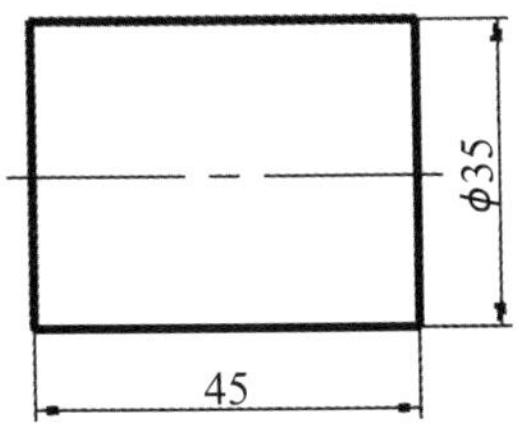 第一种方法 优先采用第一种方法， 同一张图样中标注形式要统一 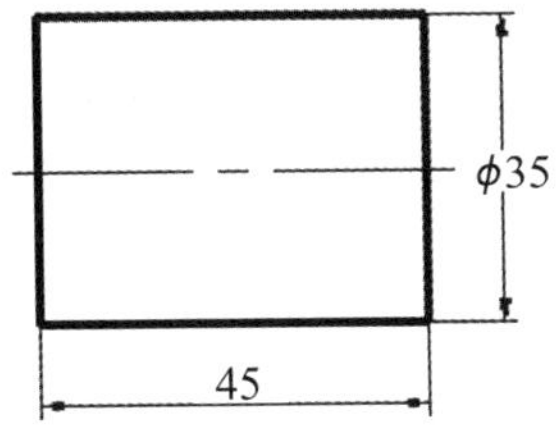 第二种方法 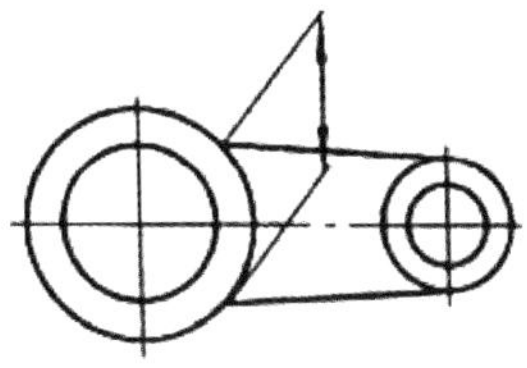 必要时尺寸界限与尺寸线允许倾斜
圆及圆弧尺寸注法	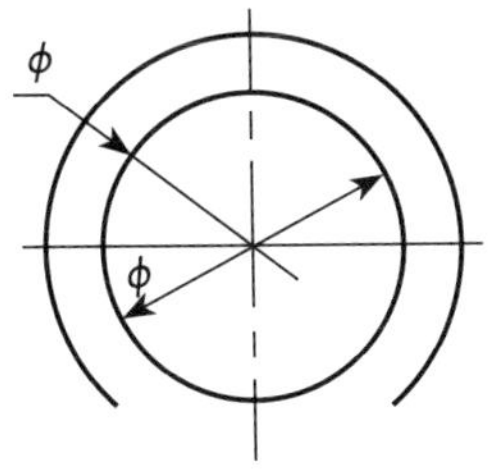 圆的直径数字前加注"ϕ" 当尺寸线的一端无法画出箭头时， 尺寸线要超过圆心一段 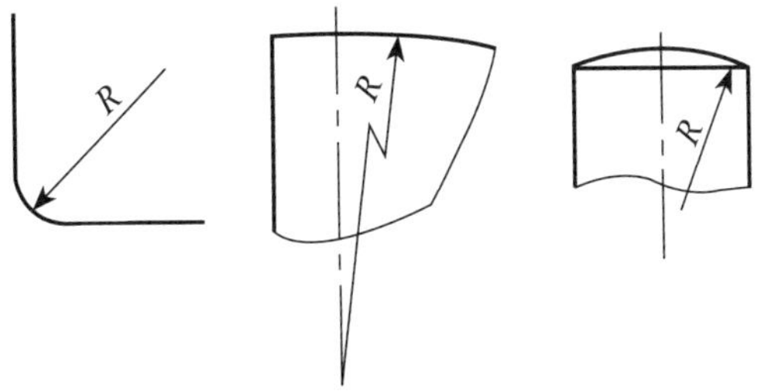 圆弧半径数字前面加注"R" 半径尺寸线一般应通过圆心
小尺寸注法	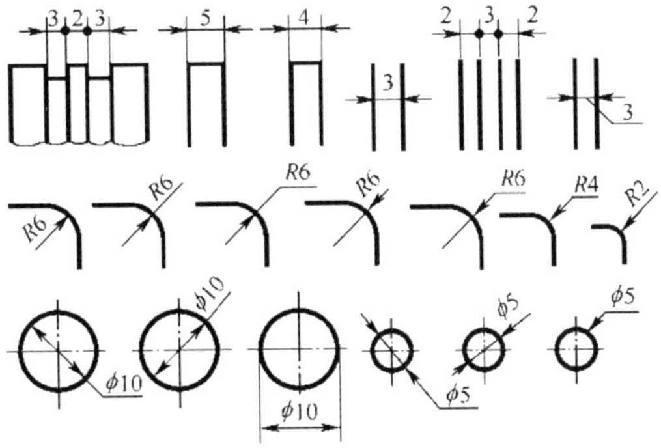 当无足够位置标注小尺寸时，箭头可外移或用小圆点代替两个箭头，尺寸数字也可注写在尺寸界线外或引出标注

（续表）

内容	图例说明

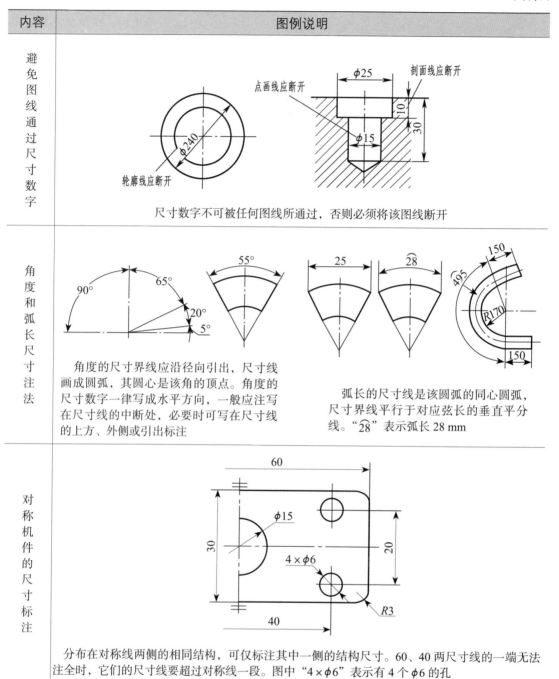

避免图线通过尺寸数字

尺寸数字不可被任何图线所通过，否则必须将该图线断开

角度和弧长尺寸注法

角度的尺寸界线应沿径向引出，尺寸线画成圆弧，其圆心是该角的顶点。角度的尺寸数字一律写成水平方向，一般应注写在尺寸线的中断处，必要时可写在尺寸线的上方、外侧或引出标注

弧长的尺寸线是该圆弧的同心圆弧，尺寸界线平行于对应弦长的垂直平分线。"⌒28"表示弧长 28 mm

对称机件的尺寸标注

分布在对称线两侧的相同结构，可仅标注其中一侧的结构尺寸。60、40 两尺寸线的一端无法注全时，它们的尺寸线要超过对称线一段。图中"4×φ6"表示有 4 个 φ6 的孔

拓展提高

在同一图形中，对于尺寸相同、均布的孔、槽等组成要素，可仅在一个要素上注出尺寸和数量，并用缩写词"EQS"表示均布，如图1-12（a）所示。当组成要素的定位及均布情况在图中已明确时，可不标注其角度，并省略"EQS"，如图1-12（b）所示。

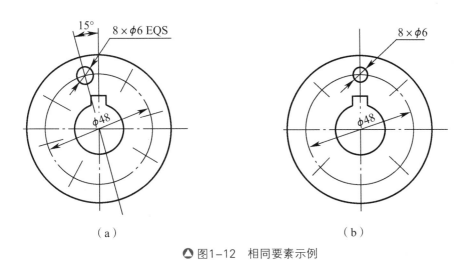

（a）　　　　　　　　　　　　　　　　（b）

△ 图1-12　相同要素示例

任务三　尺规绘图与平面图形

任务概述

绘图离不开工具，绘图速度的快慢、图画质量的高低，在很大程度上取决于能否采用正确的绘图方法和按正确的工作程序、自如地运用各种绘图工具绘制几何图形。

本任务介绍绘图工具及其使用方法，重点是平面图形的绘制。

任务要点

1.了解常用的绘图工具及其用法。

2.熟练使用三角板、圆规等工具等分线段、圆周和作正多边形和圆弧连接。

3.掌握平面图形的绘制和尺寸分析。

![学习内容图标] **学习内容** ●

一、尺规绘图工具及使用

尺规绘图是指用铅笔、丁字尺、三角板、圆规等绘图工具来绘制图样。虽然目前技术图样已逐步由计算机绘制，但尺规绘图既是工程技术人员的必备基本技能，又是学习和巩固理论知识不可缺少的方法，必须熟练掌握。常用的绘图工具有以下几种：

1. 图板和丁字尺

画图时，先将图纸用胶带纸固定在图板上，丁字尺头部要靠紧图板左边，画线时铅笔垂直于纸面并向右倾斜约30°。丁字尺上下移动到画线位置，可以自左向右画水平线。三角板与丁字尺配合使用还可画垂直线，如图 1-13 所示。

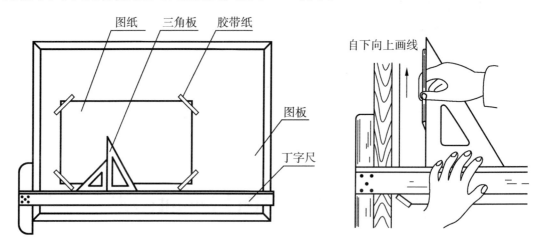

△ 图1-13　图板和丁字尺

2. 三角板

两块三角板配合使用，可画任意已知直线的垂直线或平行线，如图 1-14 所示。

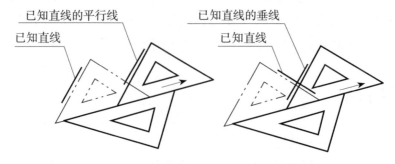

△ 图1-14　画已知直线的平行线和垂直线

一副三角板由 45° 和 30°（60°）两块直角三角板组成。三角板与丁字尺配合使用可画出与水平线成 30°、45°、60° 以及 15° 的任意整倍数倾斜线，如图 1-15 所示。

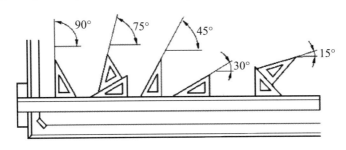

△ 图1-15　三角板画常用斜线

3. 圆规和分规

圆规用来画圆和圆弧。画圆时，圆规的钢针应使用有台阶的一端（避免图纸上的针孔不断扩大），并使笔尖与纸面垂直。圆规使用方法如图 1-16（a）所示。

分规是用来截取线段和等分直线或圆周，以及量取尺寸的工具。分规的两个针尖并拢时应对齐，如图 1-16（b）所示。

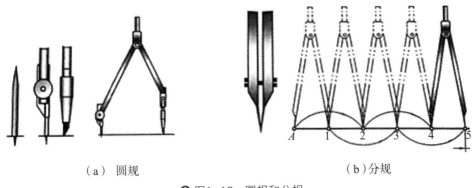

（a）圆规　　　　　　　　　　　（b）分规

△ 图1-16　圆规和分规

4. 铅笔

绘图铅笔用"B"和"H"代表铅芯的软硬程度。"B"表示软性铅笔，"B"前面的数字越大，表示铅芯越软（黑）。"H"表示硬性铅笔，"H"前面的数字越大，表示铅芯越硬（淡）。"HB"表示铅芯硬度适中。

通常画粗实线用 B 或 2B 铅笔，铅笔铅芯部分削成矩形，如图 1-17（a）所示；画细实线用 H 或 2H 铅笔，并将铅笔削成圆锥状，如图 1-17（b）所示；写字铅笔选 HB 或 H。值得注意的是，画圆或圆弧时，圆规上的铅芯比铅笔铅芯软一档为宜。

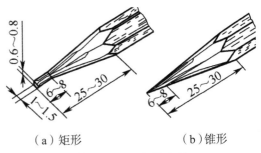

（a）矩形　　　　　　（b）锥形

△ 图1-17　铅笔磨削

除了上述工具外，绘图时还要备有削铅笔的小刀、磨铅芯的砂纸、橡皮以及固定图纸的胶带纸等。有时为了画非圆曲线，还要用到曲线板。如果要描图，则要用到直线笔（鸭嘴笔）或针管笔。

二、常见平面图形画法

机件的轮廓形状基本上都是由直线、圆弧和一些其他曲线组成的几何图形，称为几何图形。下面介绍几种常用的几何作图方法。

1. 等分线段

利用尺规等分线段，如图 1-18 所示，对线段 AB 进行六等分，制图步骤如下：

① 画已知线段 AB，图 1-18（a）所示。

② 过端点 A（或 B），任作一线段 AC，图 1-18（b）所示。

③ 以适当长度为单位，在 AC 上量取 1、2、3、4、5、6 点，如图 1-18（c）所示。

④ 连接 6B，分别过 1、2、3、4、5 点作 6B 的平行线与 AB 相交，得 1'、2'、3'、4'、5' 点，即为各等分点，如图 1-18（d）所示。

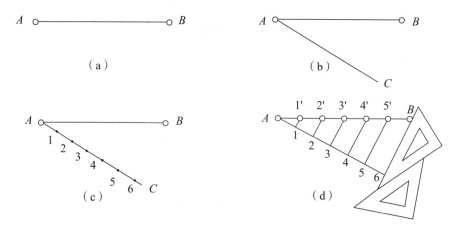

△ 图1-18 六等分线段

2. 等分圆周与正多边形

（1）三、六、十二等分圆周 如图 1-19 所示，利用圆规完成圆周的三、六、十二等分。

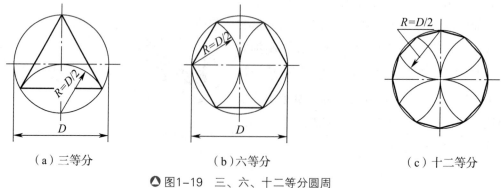

（a）三等分   （b）六等分   （c）十二等分

△ 图1-19 三、六、十二等分圆周

（2）五等分圆周 如图 1-20 所示，用尺规五等分圆周，作图步骤如下：

① 做出半径 OB 的中点 E，如图 1-20（a）所示。

② 以 E 为圆心，EC 为半径画圆弧交 OA 于 F 点，线段 CF 即为内接正五边形的边长，如图 1-20（b）所示。

③ 以 CF 为边长截取圆周，依次连接各等分点即得正五边形 CGKMH，如图 1-20（c）所示。

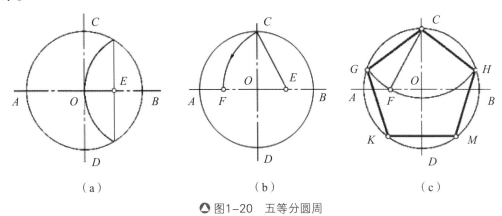

（a）　　　　　　　　（b）　　　　　　　　（c）

⚫图1-20 五等分圆周

（3）作正六边形

① 用圆规作正六边形，如图 1-21 所示。

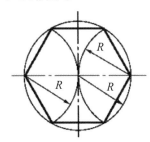

⚫图1-21 圆规作正六边形

② 用丁字尺和三角板作圆的外切及内接正六边形，具体画法如图 1-22 所示。

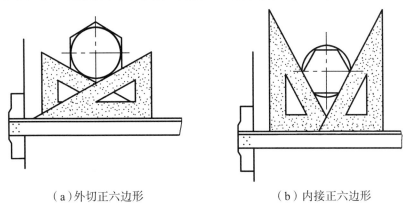

（a）外切正六边形　　　　　　　　（b）内接正六边形

⚫图1-22 作正六边形

（4）作正 n 边形　如图1-23作正七边形，具体画法见图示，步骤如下：

① 画外接圆。将外接圆的垂直直径 AN 等分为7等份，并标出序号1、2、3、4、5、6，如图1-23（a）所示。

② 以 N 点为圆心，以 NA 为半径画圆，与水平中心线交于 P、Q 两点，如图1-23（b）所示。

③ 由 P 和 Q 作线段，分别与奇数（n 为偶数时是偶数）分点连线并与外接圆相交，依次连接各顶点 B、C、D、N、E、F 及 G，即为所求的正七边形，如图1-23（c）所示。

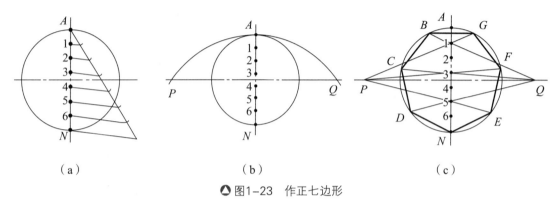

（a）　　　　　　　　　（b）　　　　　　　　　（c）

🔺图1-23　作正七边形

3. 斜度和锥度

（1）斜度　是指一直线对另一直线或一平面对另一平面的倾斜程度。斜度的大小用它们夹角的正切来表示，并将比值写成 $1:n$ 的形式。斜度的标注方法如图1-24所示，斜度符号与斜度方向一致，h 为字高。

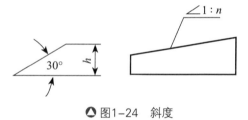

🔺图1-24　斜度

例1-1　如图1-25（c）所示，作斜度为 $1:7$ 的图形，并标注。

作图步骤如下：

① 作 $OB \perp OA$，在 OA 上截取7个单位长度，在 OB 上取一个单位长度，连接7、1点，即为 $1:7$ 的斜度线，如图1-25（a）所示。

② 按尺寸定出 C 点，过 C 点作点7与点1连线的平行线 CB，如图1-25（b）。

③ 擦去作图痕迹，完成图形并标注，如图1-25（c）所示。

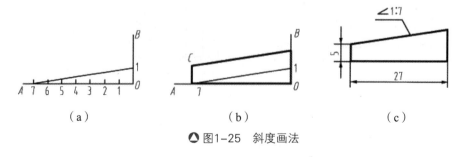

（a）　　　　　　　　　（b）　　　　　　　　　（c）

🔺图1-25　斜度画法

（2）锥度 是指正圆锥体的底圆直径与锥高度之比，并将比值写成 1∶n 的形式。锥度符号的方向应与圆锥方向一致。锥度符号画法如图 1-26 所示，h 为字高。

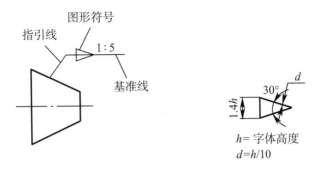

🔺 图1-26 锥度画法

4. 用四心圆法作椭圆

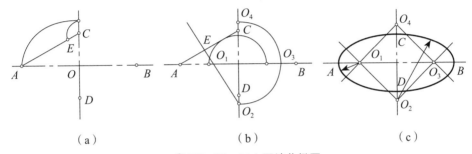

（a）　　　　　　（b）　　　　　　（c）

🔺 图1-27 四心圆法作椭圆

已知长、短轴，用四心圆法作椭圆，如图 1-27 所示，步骤如下：

（1）画出相互垂直且平分的长轴 AB 和短轴 CD。

（2）连接 AC，并在 AC 上取 $CE = OA - OC$，图 1-27（a）所示。

（3）作 AE 的中垂线，与长、短轴分别交于 O_1、O_2，再作对称点 O_3、O_4，如图 1-27（b）所示。

（4）以 O_1、O_2、O_3、O_4 各点为圆心，O_1A、O_2C、O_3B、O_4D 为半径，分别画弧，光滑连接，即得近似的椭圆，如图 1-27（c）所示。

注意：取线段要准确，四段圆弧两两相接，必须注意连接处的光滑过渡。

5. 圆弧连接

用一段圆弧光滑地连接另外两条已知线段（直线或圆弧）的作图方法称为圆弧连接。要保证圆弧连接光滑，就必须使线段与线段在连接处相切。作图时，应先求连接圆弧的圆心，再确定连接圆弧与已知线段的切点，然后再画连接圆弧。

（1）用圆弧连接锐角或钝角

图 1-28 所示为用半径 R 光滑连接两不同角度的线段，其作图步骤如下：

① 分别作与已知角两边相距为 R 的平行线，交点 O 即为连接弧圆心。

②过 O 点分别向已知角两边作垂线，垂足 T_1、T_2 即为切点。

③以 O 为圆心，R 为半径在两切点 T_1、T_2 之间画连接圆弧，即为所求。

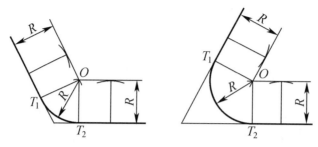

⚠ 图1-28　圆弧连接锐角或钝角

（2）圆弧外连接两圆弧

①两已知圆弧半径为 R_1、R_2 及连接圆弧半径 R，如图 1-29（a）所示。

②分别以 O_1、O_2 为圆心，以 R_1+R、R_2+R 为半径画弧，得圆弧相交点 O，O 即为待连接圆弧圆心，如图 1-29（b）所示。

③作连心线 OO_1、OO_2 交已知弧于点 A、B，则 A、B 点即为待切点，如图 1-29（c）所示。

④以 O 为圆心，用半径 R，画圆弧连接点 A、B，实现外连接两圆弧，如图 1-29（d）所示。

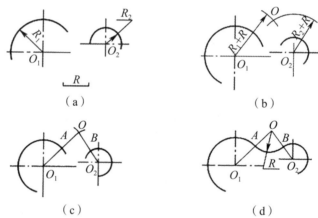

（a）　　　　　　　　　　（b）

（c）　　　　　　　　　　（d）

⚠ 图1-29　圆弧外连接

（3）圆弧内连接两圆弧

①两已知圆弧半径为 R_1、R_2 及连接圆弧半径 R，如图 1-30（a）所示。

②分别以 O_1、O_2 为圆心，以 $R-R_1$、$R-R_2$ 为半径画弧，得圆弧相交点 O，O 即为待连接圆弧圆心，如图 1-30（b）所示。

③作连心线 OO_1、OO_2 的连线并延长，交已知弧于点 A、B，则 A、B 点即为待切点，如图 1-30（c）所示。

④ 以 O 为圆心，用半径 R，画圆弧连接点 A、B，实现内连接两圆弧，如图 1-30（d）所示。

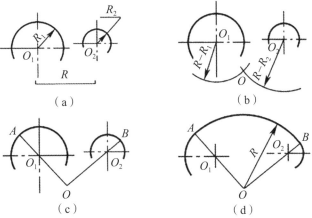

▲图1-30　圆弧内连接

三、平面图形的分析与作图

平面图形由若干直线和曲线封闭连接组合而成。画平面图形时，要通过对这些直线或曲线的尺寸及连接关系的分析，才能确定平面图形的作图步骤。

1.尺寸分析

下面以图 1-31 所示手柄为例说明平面图形的分析方法，平面图形中所注尺寸按其作用可分为两类：

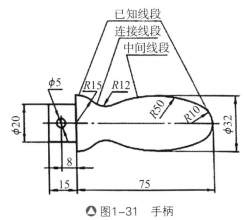

▲图1-31　手柄

（1）定形尺寸　指确定形状大小的尺寸，如图 1-31 中的 $\phi20$、$\phi5$、15、$R15$、$R50$、$R10$、$\phi32$ 等尺寸。

（2）定位尺寸　指确定各组成部分之间相对位置的尺寸，如图 1-31 中的 8 是确定 $\phi5$ 小圆位置的定位尺寸。有的尺寸既有定形尺寸的作用，又有定位尺寸的作用，如图 1-31 中的 75。

2. 线段分析

平面图形中的各线段，有的尺寸齐全，可以根据其定形、定位尺寸直接作图画出；有的尺寸不齐全，必须根据其连接关系用几何作图的方法画出。按尺寸是否齐全，线段分为三类：

（1）已知线段 指定形、定位尺寸均齐全的线段，如手柄的 $\phi 5$、$R10$、$R15$。

（2）中间线段 指只有定形尺寸和一个定位尺寸，而缺少另一定位尺寸的线段。这类线段要在其相邻一端的线段画出后，再根据连接关系（如相切）用几何作图的方法画出，如手柄的 $R50$。

（3）连接线段 指只有定形尺寸而缺少定位尺寸的线段，如手柄的 $R12$。

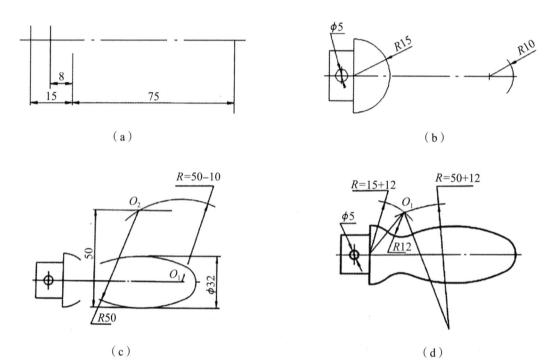

（a）　　　　　　　　　　　　　（b）

（c）　　　　　　　　　　　　　（d）

🔺 图1-32　手柄的作图过程

3. 平面作图步骤

根据图 1-32 手柄的作图过程，一般平面图形的作图步骤大致如下：

（1）图形分析。

（2）用细实线画底稿。

（3）校对底稿。

（4）加深图线。

（5）画箭头、标注尺寸、填写标题栏，完成全图。

拓展提高

根据表 1-6，标注平面图形尺寸的方法和步骤如下：

1. 选择尺寸基准。

2. 确定图形中的线段哪些是已知线段，哪些是中间线段，哪些是连接线段。

3. 按已知线段、中间线段和连接线段的顺序依次标注尺寸。

表1-6　平面图形的尺寸标注示例

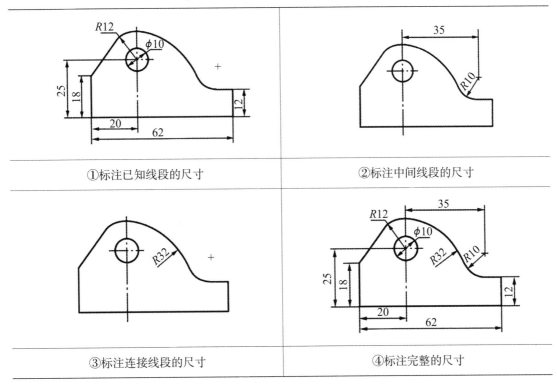

①标注已知线段的尺寸	②标注中间线段的尺寸
③标注连接线段的尺寸	④标注完整的尺寸

单元二
正投影绘图

单元概述

点、直线和平面是构成物体的基本几何元素，掌握这些几何元素的正投影规律是学好制图的基础。正投影法能准确表达物体的形状，度量性好，作图方便，在工程上得到广泛的应用。

本单元重点讨论正投影图的投影规律和作图方法，并通过立体表面上的点、直线和平面的投影分析，初步培养学生的空间思维和想象能力。

任务一　投影法

任务概述

在机械设计、生产过程中，需要用图来准确地表达机器和零件的形状、大小，而立体图就像照片一样富有立体感给人以直观的印象，但是他在表达物体时，某些结构的形状发生了变形（矩形被表达为平行四边形），可见，立体图有时很难准确地表达机件真实形状，而且立体图的画法也挺难，正投影法却能准确地表达物体表面的形状和大小。

本任务介绍中心投影法、平行投影法，重点讲解正投影法及其基本性质。

任务要点

1. 了解投影法的分类。
2. 掌握正投影法的概念及其基本性质。

 学习内容

大家知道，物体在光线的照射下会在地面或墙壁上产生影子，人们通过长期的观察、实践和研究，找出了光线、形体及其影子之间的关系和规律，投影法就是人们根据这一自然现象总结出来的。

投影法就是投射线通过物体向选定的面投射，并在该面上得到图形的方法。投影所得到的图形称为投影；投影法中得到投影的面称为投影面。根据光线之间的关系，投影法又分为中心投影法和平行投影法，如图 2-1 所示。

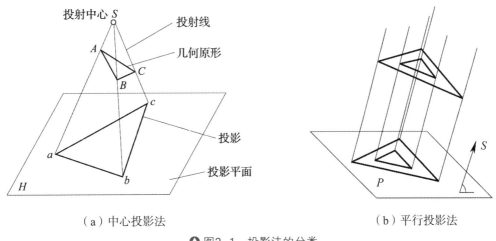

（a）中心投影法　　　　　　　　　（b）平行投影法

△ 图2-1　投影法的分类

一、投影法分类

1. 中心投影法

投射线汇交于投射中心的投影方法称为中心投影法。如图 2-1（a）所示，设 S 为投射中心，SA、SB、SC 为投射线，平面 H 为投影面。延长 SA、SB、SC 与投影面 H 相交，交点 a、b、c 即为三角形顶点 A、B、C 在 P 面上的投影。日常生活中的照相、放映电影都是中心投影的实例。透视图就是用中心投影原理绘制的，它与人的视觉习惯相符，能体现近大远小的效果，形象逼真，具有强烈的立体感，广泛用于绘制建筑、机械产品等效果图，如图 2-2 所示。

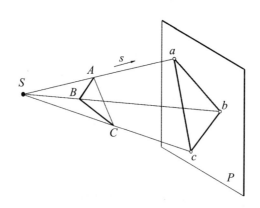

● 图2-2 中心投影法

2. 平行投影法

投射线互相平行的投影方法称为平行投影法。按投射线与投影面倾斜或垂直，平行投影法分为斜投影法和正投影法两种。

（1）斜投影法 投影线与投影面倾斜的平行投影法，如图2-1（b）所示。斜二轴测图就是采用的斜投影法绘制的。

（2）正投影法 投影线与投影面垂直的平行投影法，如图2-3所示。由于机械图样主要是用正投影法绘制，为叙述方便，本书将"正投影"，简称为"投影"。在工程图样中，根据有关标准绘制的多面正投影图也称为"视图"。

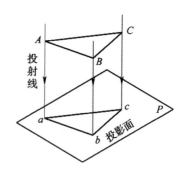

● 图2-3 正投影法

二、正投影法的基本性质

1. 真实性

直线或平面平行于投影面时，其投影反映直线的实长或平面的实形，这种投影特性称为真实性。

物体上平行于投影面的平面 P，其投影反映实形；平行于投影面的直线段 AB 的投影 ab 反映实长，平行于投影面的圆弧 CD 的投影 cd 反映实长，平行于投影面的四边形 $EFGH$ 的投影 $efgh$ 反映实形，如图2-4所示。

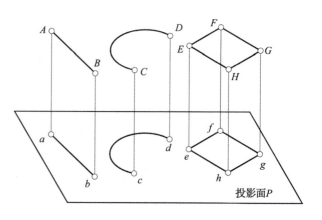

● 图2-4 正投影法的基本特性（真实性）

2. 类似性

直线或平面倾斜于投影面时，直线的投影是小于实长的直线，平面的投影是原平面的类似形，但面积小于原平面，这种投影特性称为类似性。

倾斜于投影面的直线段 AB 的投影 ab 比实长短（$ab < AB$），倾斜于投影面的圆弧 CD 的投影 cd 比实长短（$cd < CD$），倾斜于投影面的四边形 $EFGH$ 的投影 $efgh$ 比实际小（$efgh < EFGH$），如图2-5所示。

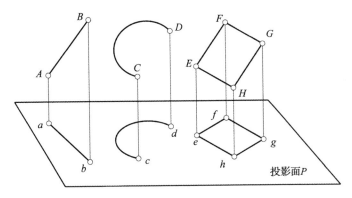

⬥ 图2-5　正投影法的基本特性（类似性）

3. 积聚性

直线或平面垂直于投影面时，直线的投影积聚成点，平面的投影积聚成直线，这种投影特性称为积聚性。

垂直于投影面的直线段 AB 的投影积聚成了一点 $a(b)$，垂直于投影面的圆弧面 $CEDF$ 的投影积聚成了一段圆弧 $c(d)e(f)$，垂直于投影面的四边形 $GMHN$ 的投影积聚成了一段直线 $g(h)m(n)$，如图2-6所示。

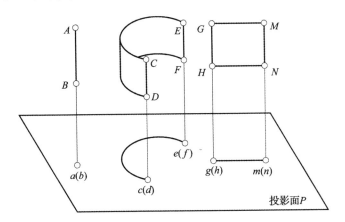

⬥ 图2-6　正投影法的基本特性（积聚性）

拓展提高

本任务虽然重点讲解正投影法，但是斜投影法应用在解决一些问题时，以原投影面或与原投影面平行的平面作为斜投影面，能使一般位置的直线、平面或者直纹曲面斜投影有积聚性，图解就比较容易。根据几何元素相对于投影面的位置，以及他们之间的相对位置选择斜投影的投影线是图解的关键，作图时可根据具体情况分析确定。适合采用斜投影法的特例：一般位置的直线与平面相交；直线与椭圆锥面相交；平面与棱锥相交；正圆锥与椭圆柱相交。

任务二　三视图

任务概述

我们从不同的方向观察同一物体时，可能看到不同的图形。其中，把从正面看到的图叫作主视图，从左面看到的图叫作左视图，从上面看到的图叫作俯视图，三者统称三视图。

本任务主要介绍三视图的形成及其投影规律。

任务要点

1. 理解三视图的投影对应关系。
2. 掌握三视图与物体的方位对应关系。
3. 使学生能具备正确绘制三视图的能力。

学习内容

一、三投影面体系的建立

用正投影法在一个投影面上得到的一个视图，能反映物体一个方向的形状，但是不能完整反映物体的形状。如图 2-7 所示，多个物体在投影面上的投影也可能是前面的形状一样，而顶面和侧面的形状却不一样。因此，要表示垫块完整的形状，就必须从多个方向进行投射，画出多个视图，通常用三个视图来表示。

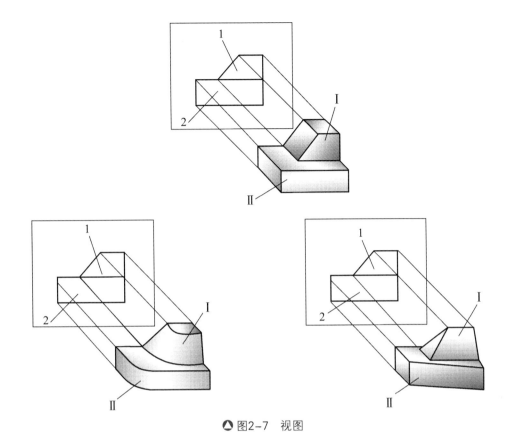

⬤ 图2-7　视图

设立三个互相垂直的投影面，正立投影面 V（简称正面）、水平投影面 H（简称水平面）、侧立投影面 W（简称侧面），这就是三投影面体系。三个投影面的交线 OX、OY、OZ 也互相垂直，分别代表长、宽、高三个方向，称为投影轴，三投影轴交于一点 O，称为原点，如图 2-8（a）所示。把物体放在观察者与投影面之间，按正投影法向各投影面投射，即可分别得到正面投影、水平投影和侧面投影，即三视图，如图 2-8（b）所示。

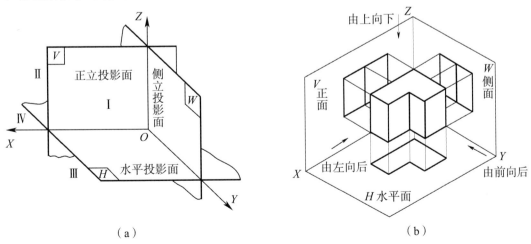

（a）　　　　　　　　　　　　　　　（b）

⬤ 图2-8　三面投影体系和三视图的形成

为了将垫块的三个视图画在一张图纸上，须将三个投影面展开到一个平面上。如图 2-9（a）所示，规定正面不动，将水平面和侧面沿 OY 轴分开，并将水平面绕 OX 轴向下旋转 90°（随水平面旋转的 OY 轴用 OY_H 表示）；将侧面绕 OZ 轴向右旋转 90°（随侧面旋转的 OY 轴用 OY_W 表示）。旋转后，俯视图在主视图的下方，左视图在主视图的右方 [图 2-9（b）]。画三视图时不必画出投影面的边框，所以去掉边框，得到图 2-9（c）所示的三视图。

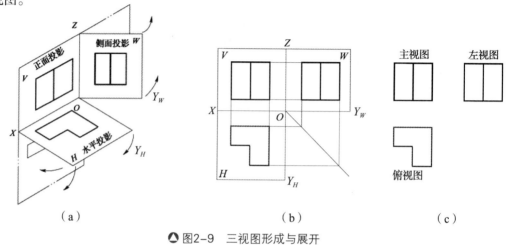

（a）　　　　　　　　　（b）　　　　　　　　　（c）

▲图2-9　三视图形成与展开

二、三视图的投影对应关系

物体有长、宽、高三个方向的大小。通常规定：物体左右之间的距离为长，前后之间的距离为宽，上下之间的距离为高，如图 2-10（a）所示。一个视图只能反映物体两个方向的大小。如主视图反映垫块的长和高，俯视图反映垫块的长和宽，左视图反映垫块的宽和高。由上述三个投影面展开过程可知，俯视图在主视图的下方，对应的长度相等，且左右两端对正，即主、俯视图对应部分的连线为互相平行的竖直线。同理，左视图与主视图高度相等且对齐，即主、左视图对应部分在同一条水平线上。左视图与俯视图均反映垫块的宽度，所以，俯、左视图对应部分的宽度应相等，如图 2-10（b）、（c）所示。

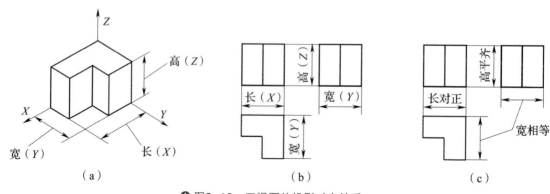

（a）　　　　　　　　　（b）　　　　　　　　　（c）

▲图2-10　三视图的投影对应关系

上述三视图之间的投影对应关系可归纳为以下三条投影规律（三等规律）：

（1）主视图与俯视图反映物体的长度——长对正。

（2）主视图与左视图反映物体的高度——高平齐。

（3）俯视图与左视图反映物体的宽度——宽相等。

"长对正、高平齐、宽相等"的投影对应关系是三视图的重要特性，不仅物体的整体要符合上述的投影规律，而且物体的每个组成部分都要符合投影的规律，投影规律是画图与读图的重要依据。

三、三视图与物体的方位对应关系

如图 2-11 所示，物体有上、下、左、右、前、后六个方位，三视图对应地反应物体的六个方位的关系。其中：

主视图反映物体的上、下和左、右的相对位置关系。

俯视图反映物体的前、后和左、右的相对位置关系。

左视图反映物体的前、后和上、下的相对位置关系。

画图和读图时要特别注意俯视图与左视图的前、后对应关系。在三个投影面展开过程中，水平面向下旋转，原来向前的 OY 轴成为向下的 OY_H，即俯视图的下方实际表示物体的前方，俯视图的上方则表示物体的后方。而侧面向右旋转时，原来向前的 OY 轴成为向右的 OY_W，即左视图的右方实际表示物体的前方，左视图的左方则表示物体的后方。换言之，俯、左视图中靠近主视图一侧为物体的后方，远离主视图一侧为物体的前方。所以，物体俯、左视图不仅宽度相等，还应保持前、后位置的对应关系。

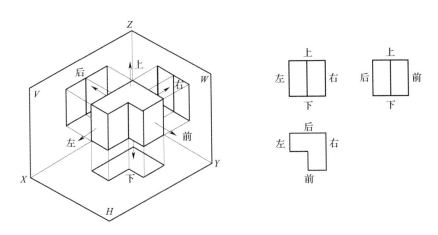

🔺图2-11　三视图的方位对应关系

例 2-1　根据长方体（缺角）的立体图和主、俯视图（图 2-12），补画左视图，并分析长方体表面间的相对位置。

分析

应用三视图的投影和方位的对应关系来补画左视图和分析判断长方体表面间的相对位置。

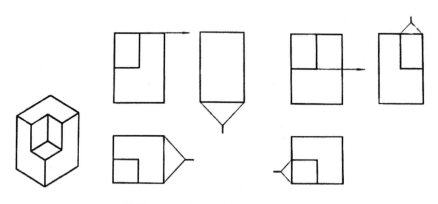

🔺图2-12　由主、俯视图补画左视图

作图

（1）按长方体的主、左视图高平齐，俯、左视图宽相等的投影关系，补画长方体的左视图。

（2）用同样方法补画长方体缺角的左视图，此时必须注意前、后位置的对应关系。

拓展提高

画物体三视图的步骤决定画图的速度与简易程度，下面我们以机械中常见的轴承座为例，了解三视图的画图步骤。

（1）分析确定 A 向为主视的投射方向，如图 2-13（a）所示。

（2）画基准线，如图 2-13（b）所示。

（3）画底板三视图，如图 2-13（c）所示，

（4）画竖板三视图，如图 2-13（d）所示

（5）画竖板上孔的三视图，如图 2-13（e）所示

（6）整理完成全图，如图 2-13（f）所示。

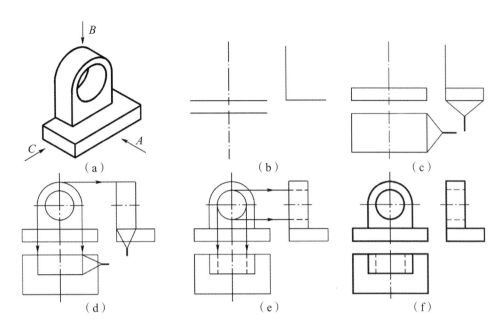

▲图2-13 轴承座三视图的绘制

任务三 点、直线、平面的投影

任务概述

点、线、面是构成物体表面的基本几何元素，要完整、准确地绘制物体的三视图，就要进一步研究这些几何元素的投影特性和作图方法，因此，学习与掌握它们的投影方法及投影特性，对正确理解所表达的物体结构形状具有重要的意义。

本任务主要介绍立体上的点、直线、平面的投影。

任务要点

1. 理解点的投影规律、重影点与可见性。

2. 掌握投影面平行线、垂直线、一般位置直线的投影。

3. 掌握投影面平行面、垂直面、一般位置平面的投影。

学习内容

一、点的投影分析

图2-14所示的长方体是由六个面、十二条线和八个点组成，点是最基本的几何元素。下面分析顶点S的投影规律。

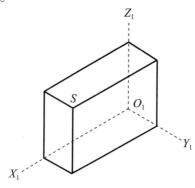

△ 图2-14　长方体

1. 点的投影规律

图2-15表示空间点S在三投影面体系中的投影。将点S分别向三个投影面投射，得到的投影分别为s（水平投影）、s'（正面投影）、s''（侧面投影）。通常空间点用大写字母表示，对应的投影用小写字母表示。投影面展开后得到图2-15（c）所示的投影图。由投影图可看出点S的投影有以下规律：

（1）点S的V面投影和H面投影的连线垂直于OX轴，即$s's \perp OX$。

（2）点S的V面投影和W面投影的连线垂直于OZ轴，即$s's'' \perp OZ$。

（3）点S的H面投影到OX轴的距离等于其W面投影到OZ轴的距离，即$sx = x''z$

由此可见，点的投影仍符合"长对正、高平齐、宽相等"的投影规律。

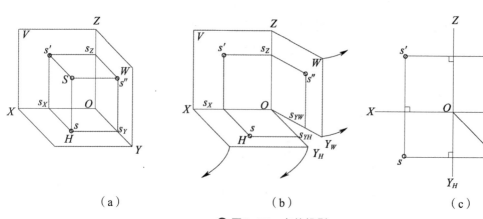

（a）　　　　　　　　　　（b）　　　　　　　　　　（c）

△ 图2-15　点的投影

例 2-2　已知图 2-16 点 A 的投影 a'、a''，求 H 面投影 a。

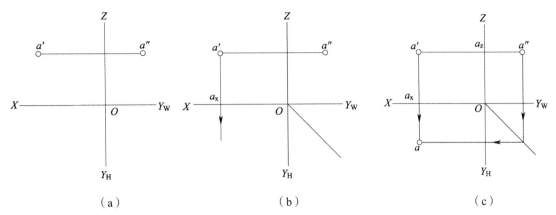

（a）　　　　　　　　（b）　　　　　　　　（c）

⬥图2-16　已知点的两面投影求第三面投影

作图步骤：

（1）过 a' 作 $a'a_X \perp OX$，并延长，如图 2-16（b）所示。

量取 $aa_X = a''a_Z$，可得 a。也可如图 2-16（c）所示，利用 45° 线作图。

2. 重影点与可见性

若空间两点在某一投影面上的投影重合，称为重影。如图 2-17 所示，点 D 和点 C 在 V 面上的投影 c'（d'）重影，称为重影点。根据投影原理可知：两点重影时，远离投影面的一点为可见点，另一点则为不可见点，通常规定在不可见点的投影符号外加圆括号表示。

重影点的可见性可通过该点的另外两个投影来判别。在图 2-17 中，由 H 面投影和 W 面投影可知，点 C 在点 D 之前，由此可判断在 V 面投影中 c' 为可见，d' 不可见。

对正面、水平和侧面投影的重影点的可见性判别分别是前遮后、上遮下、左遮右。

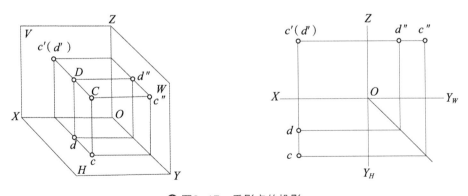

⬥图2-17　重影点的投影

思考：

在图 2-17 中，C、D 两点连线构成的直线段与 V 面成什么关系？其三面投影如何？

二、直线的投影分析

根据几何原理，两点即可决定一条直线。因此，作直线的投影，就是求出直线上任意两点的投影，并将这两点的同面投影连接起来，即得到该直线的投影。根据空间直线与投影面的相对位置，可分为三种：投影面平行线、投影面垂直线和一般位置直线，前两种空间直线统称为特殊位置的直线，后者称为一般位置直线。

1. 投影面平行线

只平行于一个投影面，与另外两个投影面倾斜的直线，称为投影面平行线。平行于正面的直线称为正平线；平行于水平面的直线称为水平线；平行于侧面的直线称为侧平线。投影面平行线的投影特性见表 2-1。

表2-1 投影面平行线的投影特性

	正平线	水平线	侧平线
立体图	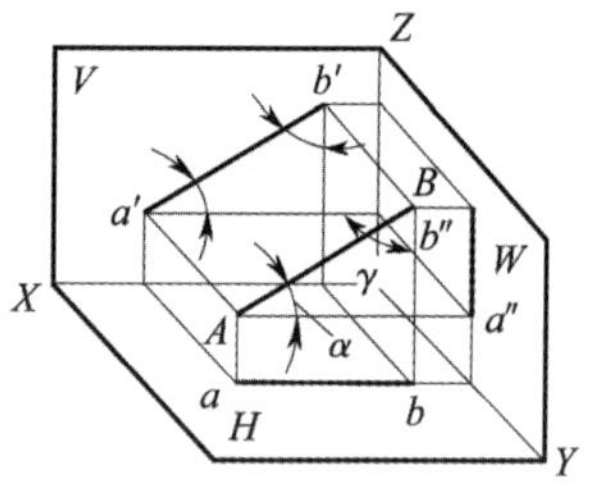	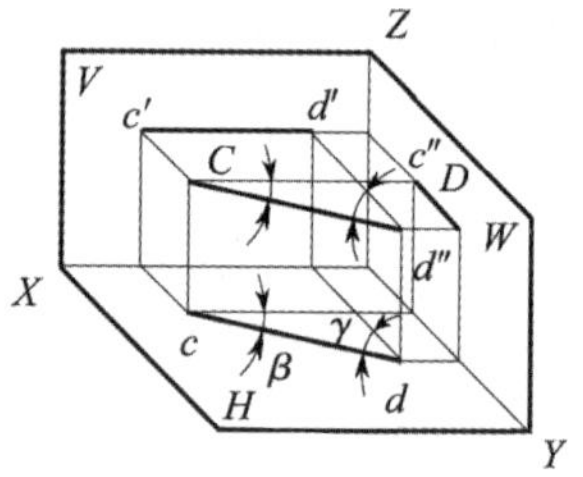	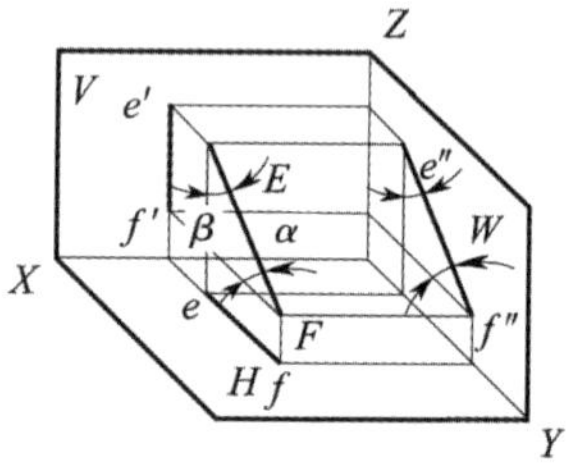
投影图	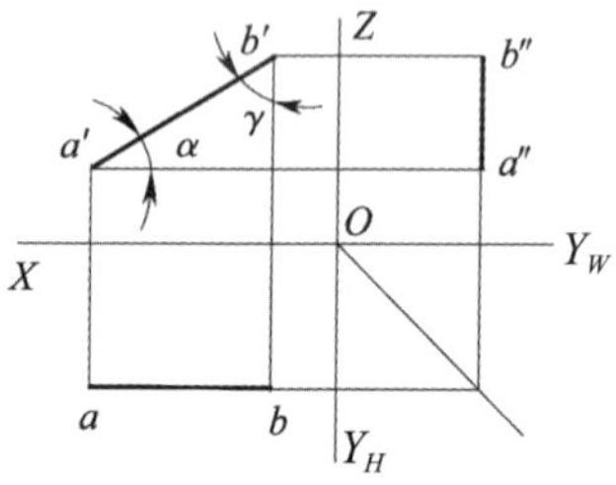	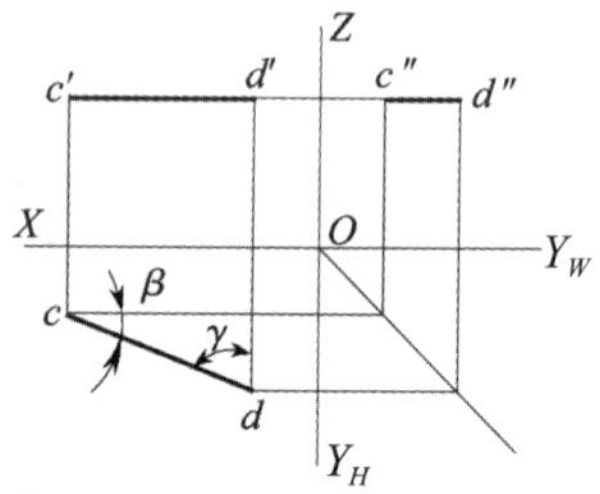	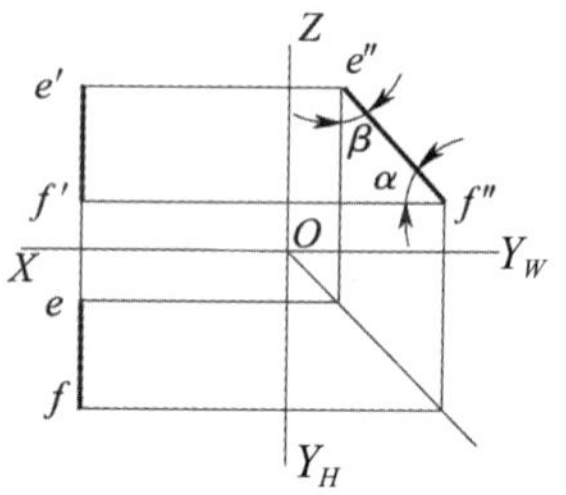
投影特性	1. $a'b'=AB$，即 V 面投影反映实长，正面投影反映倾角 α 和 γ 2. ab、$a''b'' \perp Y$ 轴	1. $cd=CD$，即 H 面投影反映实长，水平投影反映倾角 β 和 γ 2. $c'd'$、$c''d'' \perp OZ$	1. $e''f''=EF$，W 面投影反映实长，侧面投影反映倾角 β 和 α 2. $e'f'$、$ef \perp OX$
判断方法	H 面和 W 面投影 $\perp Y$ 轴 V 面投影是斜线	V 面和 W 面投影 $\perp Z$ 轴 H 面投影是斜线	H 面和 V 面投影 $\perp X$ 轴 W 面投影是斜线

直线与投影面所夹的角，即直线对投影面的倾角。如图 2-18 所示，α、β、γ 分别表示直线对 H、V、W 面的倾角。

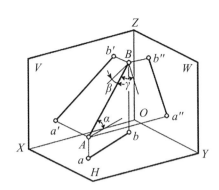

▲图2-18 直线与夹角之间关系

2. 投影面垂直线

垂直于一个投影面，与另外两个投影面平行的直线，称为投影面垂直线。垂直于正面的直线称为正垂线；垂直于水平面的直线称为铅垂线；垂直于侧面的直线称为侧垂线。投影面垂直线的投影特性见表 2-2。

表2-2   投影面垂直线的投影特性

	正垂线	铅垂线	侧垂线
立体图			
投影图			
投影特性	1. $a'b'$ 积聚成一点 2. ab、$a''b''$ // Y轴 3. $ab = a''b'' = AB$	1. cd 积聚成一点 2. $c'd'$、$c''d''$ // OZ 3. $c'd' = c''d'' = CD$	1. $e''f''$ 积聚成一点 2. ef、$e'f'$ // OX 3. $ef = e'f' = EF$
判断方法	当直线的投影在 V 面积聚为一点时，可判断为正垂线	当直线的投影在 H 面积聚为一点时，可判断为铅垂线	当直线的投影在 W 面积聚为一点时，可判断为侧垂线

3. 一般位置直线

既不平行于也不垂直于任何一个投影面，即与三个投影面都处于倾斜位置的直线，称为一般位置直线，如图 2-19 所示直线 AB。一般位置直线的投影特性如下：

（1）三个投影均不反映实长。

（2）三个投影均对投影轴倾斜，且直线的投影与投影轴的夹角不反映空间直线对投影面的倾角。如图 2-19 所示，AB 的 V 面投影 $a'b'$ 与 OX 轴所夹的角 α_1 是倾角 α 在 V 面上的投影，由于角 α 不平行于 V 面，所以角 α_1 不等于角 α。同理，直线与其他投影面倾角也是如此。

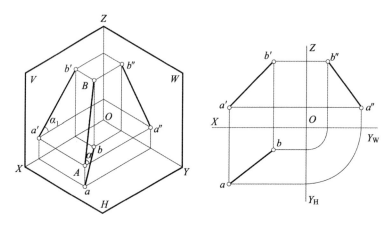

◭图2-19　一般位置直线

例 2-3　如图 2-20（a）所示，已知直线 AB 和 CD 的两面投影以及 E 点的水平投影 e，求作直线 EF 的两面投影，要求 $EF \mathbin{/\!/} CD$，并与 AB 相交。

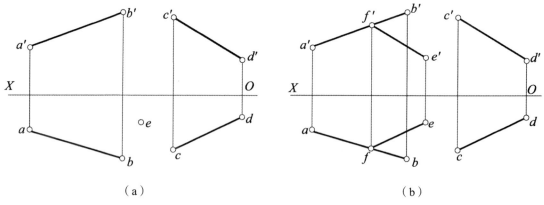

（a）　　　　　　　　（b）

◭图2-20　直线投影作图

分析：若空间两直线相互平行，则它们的各组同面投影必相互平行；反之，若两直线的各组同面投影均相互平行，则两直线在空间必定相互平行。

作图步骤：如图 2-20（b）所示。

（1）过 e' 作 e'f' // c'd'，并延长交 a'b' 于 f'。

（2）过 f' 作 OX 垂线，延长交 ab 于 f 点，连接 ef，则 ef 和 e'f' 即为直线 EF 的投影，且 EF // CD，并与 AB 相交。

三、平面的投影分析

平面对投影面的相对位置也分为三种：投影面平行面、投影面垂直面和一般位置平面。前两种空间平面统称为特殊位置平面，后者称为一般位置平面。

1. 投影面平行面

平行于一个投影面，垂直于另外两个投影面的平面称为投影面平行面。平行于水平面的平面称为水平面，平行于正面的平面称为正平面，平行于侧面的平面称为侧平面。投影面平行面的投影特性见表 2-3。

表2-3　投影面平行面的投影特性

	水平面	正平面	侧平面
立体图			
投影图			
投影特性	1. p 反映平面实形 2. p' 和 p'' 均有积聚性 3. p'、$p'' \perp OZ$	1. Q' 反映平面实形 2. Q 和 Q'' 均具有积聚性 3. $Q \perp OY_H$，$Q'' \perp OY_W$	1. r'' 反映平面实形 2. r' 和 r 均具有积聚性 3. r、$r' \perp OX$
判断方法	平面在 V 面、W 面的投影积聚为横线	平面在 H 面的投影积聚为横线、平面在 W 面投影积聚为竖线	平面在 V 面、H 面的投影积聚为竖线

2. 投影面垂直面

垂直于一个投影面而倾斜于另外两个投影面的平面称为投影面垂直面。垂直于水平面的平面称为铅垂面，垂直于正面的平面称为正垂面，垂直于侧面的平面称为侧垂面。投影面垂直面的投影特性见表2-4。

表2-4　投影面垂直面的投影特性

	铅垂线	正垂线	侧垂线
立体图	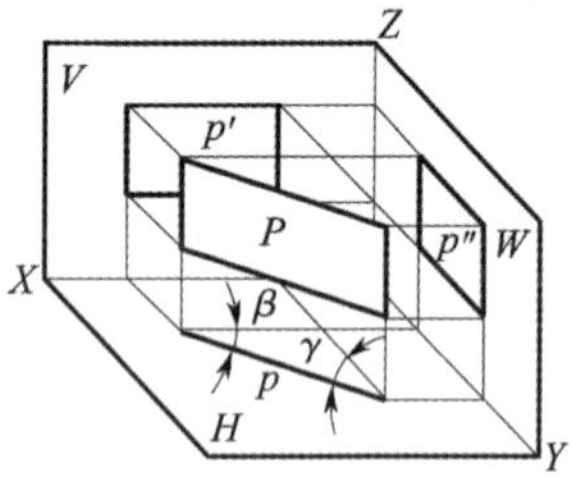	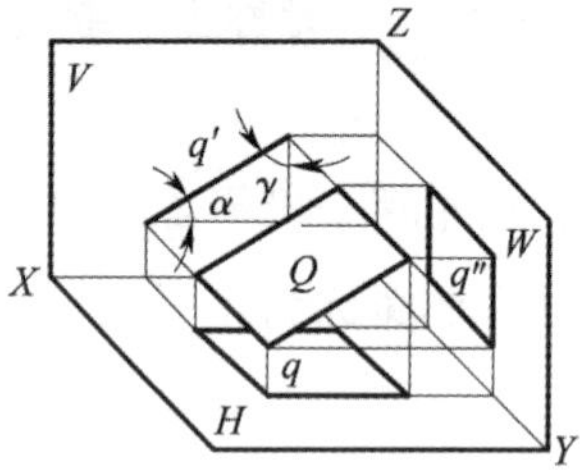	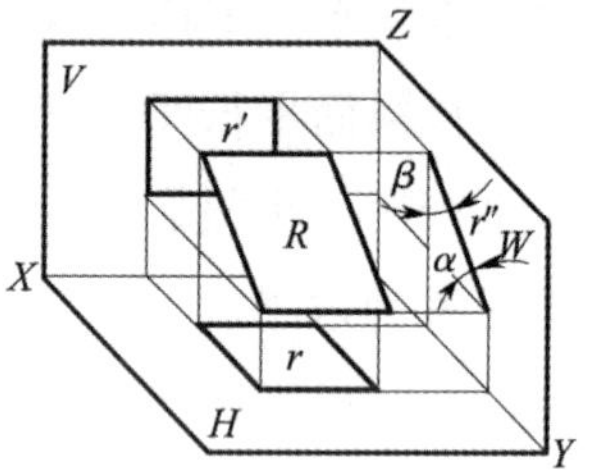
投影图	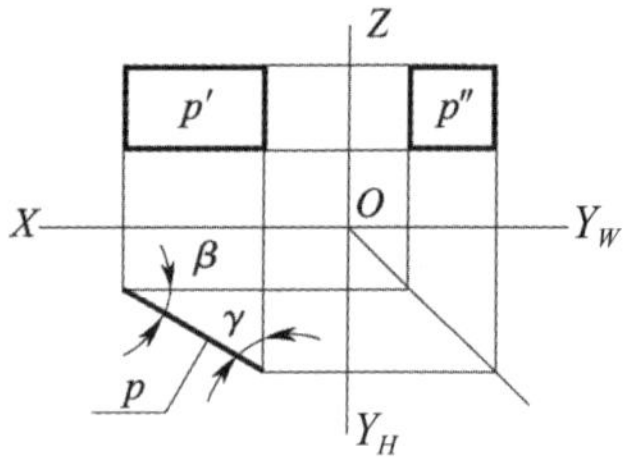	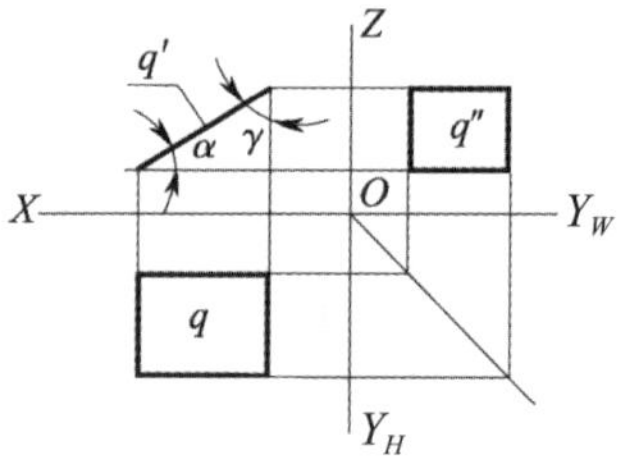	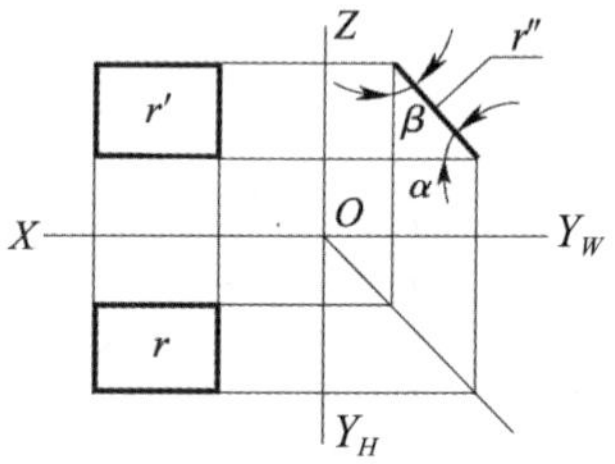
投影特性	1. p 在 H 面投影积聚为一直线，并反映 β 和 γ 2. p' 和 p'' 为原实形和类实形	1. Q' 在 V 面投影积聚为一直线，并反映 α 和 γ 2. Q 和 Q'' 为原实形和类实形	1. r'' 在 W 面投影积聚为一直线，并反映 β 和 α 2. r 和 r' 为原实形和类实形
判断方法	投影在 H 面积聚为一条斜线	投影在 V 面积聚为一条斜线	投影在 W 面积聚为一条斜线

3. 一般位置平面

与三个投影面都倾斜的平面称为一般位置平面。

如图 2-21 所示，$\triangle ABC$ 与 V、H、W 面都倾斜，所以在三个投影面上的投影 $\triangle a'b'c'$、$\triangle abc$、$\triangle a''b''c''$ 均为原三角形的类似形。三个投影面上的投影都不能直接反映该平面对投影面的倾角。

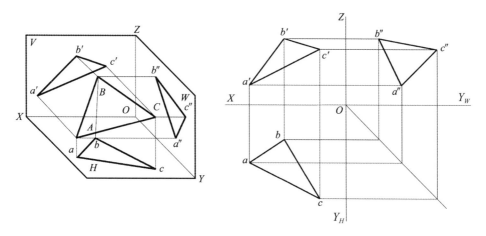

⚫ 图2-21　一般位置平面

 拓展提高 ⋯⋯⋯⋯⋯⋯⋯⋯⋯⋯⋯⋯⋯⋯⋯⋯⋯⋯⋯⋯⋯⋯⋯ ●

　　在三投影面体系中，点的位置可由点到三个投影面的距离来确定。如果将三个投影面作为三个坐标面，投影轴作为坐标轴，则点的投影和点的坐标关系如图 2-22 所示。

　　（1）S 点的 X 坐标等于 S 点到 W 面的距离。

　　（2）S 点的 Y 坐标等于 S 点到 V 面的距离。

　　（3）S 点的 Z 坐标等于 S 点到 H 面的距离。

⚫ 图2-22　点的投影与直角坐标的关系

任务四 基本几何体的投影作图

任务概述

通常把组成机件的棱柱、棱锥、圆柱、圆锥、球、环等基本几何体，称为基本立体。按其表面性质不同，基本立体包括平面立体和曲面立体两类。平面立体的每个表面都是平面，如棱柱、棱锥等；曲面立体至少有一个表面是曲面，如圆柱、圆锥、圆球等。

本任务主要介绍基本几何体投影的作图方法以尺寸标注。

任务要点

1. 了解基本体的分类及形体特征。
2. 掌握基本体的投影图画法和尺寸标注。

学习内容

一、棱柱

棱柱的棱线相互平行，常见的棱柱有三棱柱、四棱柱、五棱柱和六棱柱等。下面我们以正六棱柱为例，分析其投影特征和作图方法。常见的螺母的基本外形即为正六棱柱，如图2-23所示。

◯ 图2-23 六棱柱和螺母立体图

1. 正六棱柱形体分析

（1）表面分析　正六棱柱由上下底面和六个侧表面组成，绘制三视图时，将其放置于三投影面体系内。为方便作图，将其摆成特殊位置，如图2-24所示。按图中六棱柱的摆放位置，上下底为水平面，其水平投影反映实形，V、W面的投影为直线；前后两侧面为正平面，其正面投影反映实形，H、W面的投影为直线。其余四个侧面都是铅垂面，水平投影积聚为直线。V、W面投影为缩小的类似图形。

（2）棱线分析　在上底的正六边形中，前后两线为侧垂线，其侧面投影积聚为点，V、H面投影反映实长；其余四条线均为水平线，水平投影反映实长，V、W面投影为缩短的直线；六条竖直的棱线都是铅垂线，其水平投影积聚为点，另两投影反映实长。

2. 正六棱柱视图分析

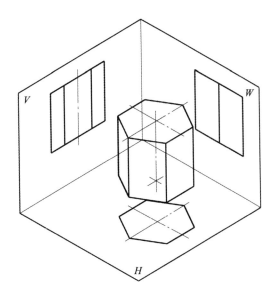

△图2-24　正六棱柱的投影

（1）俯视图　上下底面的投影重合为一正六边形，六个侧表面积聚为正六边形的六条边。

（2）主视图　上下底积聚为两条线，中间的四条棱线围成三个线框。

（3）左视图　上下底投影仍为直线。注意：中间三条线构成两个线框。

例2-4　画出正六棱柱的三视图。

绘图步骤见表2-5。

表2-5 正六棱柱的绘图步骤

1.画对称线	2.画正六边形并确定高度
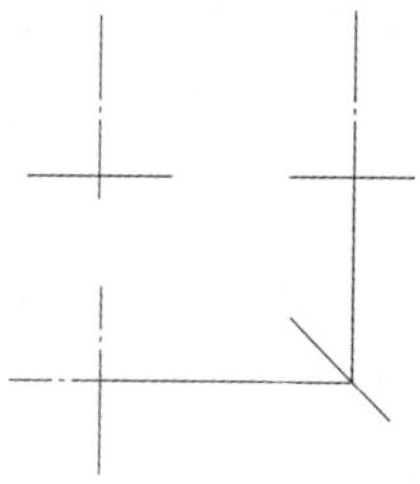	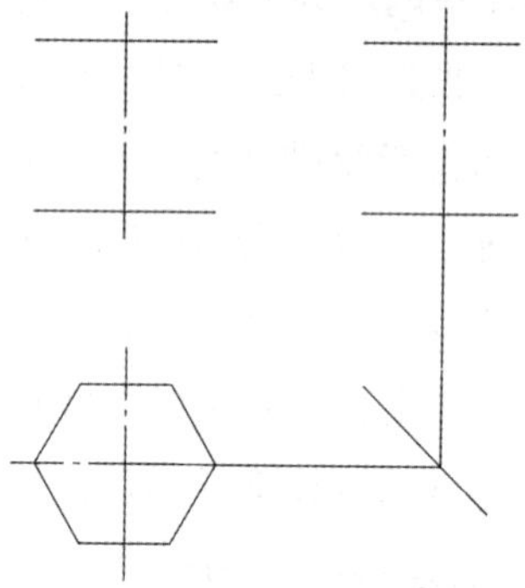
3.画棱线	**4.整理图线,得投影图**
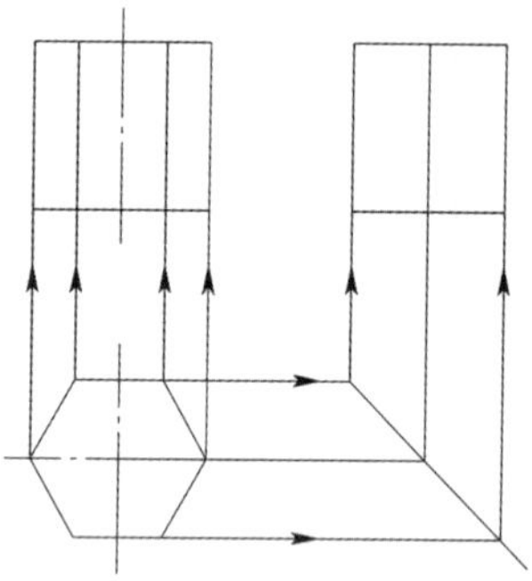	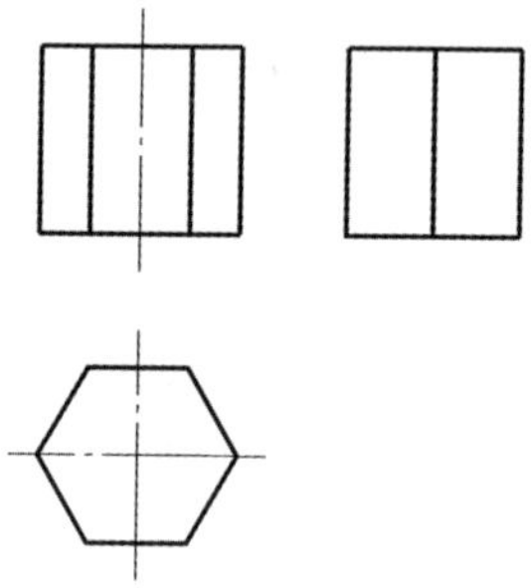

二、棱锥

棱锥的棱线交于一点,常见的棱锥有三棱锥、四棱锥和五棱锥等。下面以图 2-25 所示四棱锥为例,分析其投影特征和作图方法。

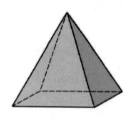

⚠ 图2-25 四棱锥立体图分析

1.四棱锥形体分析

图 2-25 所示四棱锥的底面平行于水平面,其水平投影反映实形;左、右两个棱面是正垂面,均垂直于正面,其正面投影积聚成直线,同时与 H、W 面倾斜,其投影为类似的三角形;前、后两个棱面为侧垂面,其侧面投影积聚成直线,同时与 V、H 面倾斜,其投影

均为类似的三角形。与锥顶相交的四条棱线既不平行于也不垂直于任意一个投影面，所以，它们在三投影面上的投影均不反映实长。

2. 四棱锥视图分析

画出正四棱锥的三视图，如图2-26所示，其视图如下：

（1）主视图　前后棱线重合，只能显示前面棱线，视图为三角形。

（2）俯视图　反映出底面的实形，矩形之中有四条棱线。

（3）左视图　左右棱线重合，只能显示左面棱线，视图为三角形。

由此可见，四棱锥的投影特征是：与底面平行的水平投影反映底面实形——矩形，其内部包含四个三角形棱面的投影；另外两个投影均为三角形。

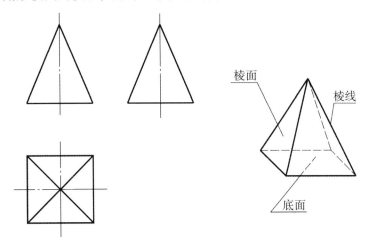

▲图2-26　正四棱锥三视图绘制过程

例2-5　已知物体的主、俯视图，补画左视图，如图2-27（a）所示。

分析：从已知物体的主、俯视图（参照立体图）可想象出该物体由两部分组成：下部为四棱柱，上部为被垂直于正面的平面左右各切去一角的三棱柱。三棱柱的棱线垂直于侧面，它的一个侧面与四棱柱的顶面重合。

作图步骤如下：

（1）如图2-27（b）所示，先补画出下部四棱柱的左视图。

（2）作三棱柱上面中间棱线的侧面投影。由于该棱线垂直于侧面，是侧垂线，其侧面投影积聚为一点（在图形中间），过该点与矩形两端点连线，即完成左视图。应该注意：左视图上的三角形为三棱柱左、右两个斜面（正垂面）在侧面上的投影；两条斜线为三棱柱前、后两个棱面（侧垂面）的积聚性投影，如图2-27（c）所示。

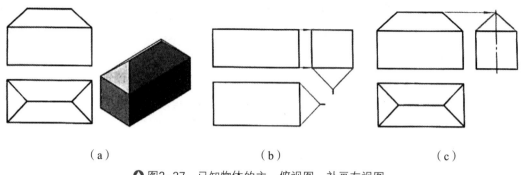

（a）　　　　　　　　　　（b）　　　　　　　　　　（c）

⬆ 图2-27　已知物体的主、俯视图，补画左视图

三、圆柱体

在生产实际中，圆柱形的零件极为常见，形体的各种变化也非常多。圆柱体由上下底两个圆平面和一圆柱面组成。如图 2-28 所示，一条与轴线平行的直母线绕轴线旋转一周，其轨迹便形成一圆柱面。圆柱体的表面构成较为简单，按图中圆柱的摆放位置，上下底为水平面，其水平投影反映实形，V、W 面投影积聚为直线。

由于圆柱面上所有的素线都是铅垂线，因此圆柱面的水平投影积聚为一圆。其 V、W 面投影为矩形线框。

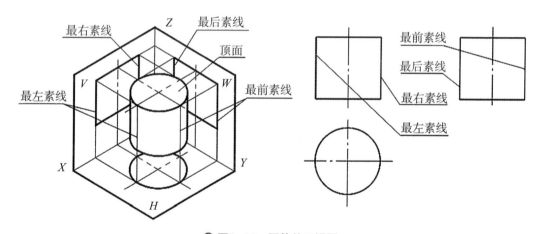

⬆ 图2-28　圆体的三视图

四、圆锥体

在生产实际中，圆锥形的零件也较为常见，如图 2-29（a）所示的塞规和顶尖。圆锥体由底圆平面和一圆锥面组成。如图 2-29（b）所示，一条与轴线相交的直母线 AB 绕轴线旋转一周，其轨迹便形成一圆锥面。

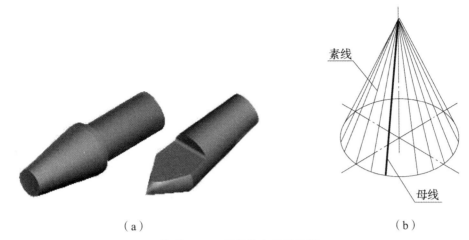

（a）　　　　　　　　　　　（b）

🔺 图2-29　圆锥体立体图分析

圆锥体的表面构成简单，分析方法类似圆柱体。按图 2-30 中圆锥的摆放位置，底面为一水平面，其水平投影反映实形，V、W 面投影积聚为直线。圆锥面的水平投影被重合于圆上，其 V、W 面投影形成两个等腰三角形。如图 2-30 所示，圆锥体的投影视图为：

1. 主视图

底面积聚为一直线，圆锥表面上最左和最右的两条素线为圆锥的外形轮廓线。

2. 俯视图

底面的投影为一圆，圆锥面则被重合在该圆内。

3. 左视图

底面的投影仍为直线，圆锥表面上最前和最后两条素线为外形轮廓线。

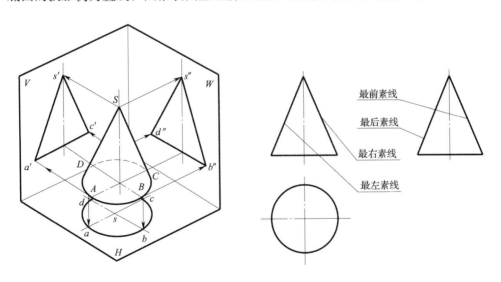

🔺 图2-30　圆锥体的三视图

五、球体

在生产实际中，球形零件也较为常见，不过大都是部分球面，如图 2-31 所示的球阀芯、螺钉头部。球面是圆母线绕通过圆心的轴线回转而成。

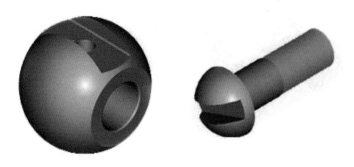

⬤ 图2-31　球体零件

球体的三个视图为等直径的三个圆，如图 2-32 所示。需要注意的是这三个圆在球体表面上的位置：V 面投影的圆为前后两半球的分界线圆；H 面投影的圆为上下两半球的分界圆；W 面投影的圆为左右两半球的分界圆。

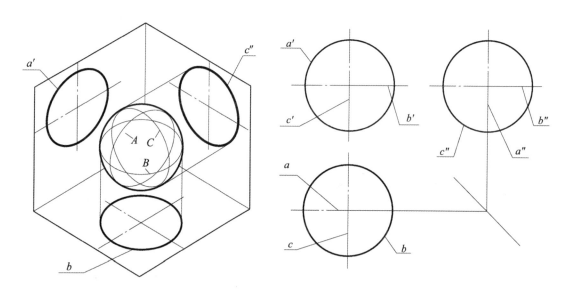

⬤ 图2-32　球体的三视图

例 2-6　如图 2-33（a）所示，已知 a 和 b 两点在俯视图上的位置，求在主、左视图上的位置。

作图步骤：

（1）由图（a）俯视图 a、b 的投影知，点 A 在前后两半球的分界线圆上，点 B 在上下两半球的分界圆上。

（2）按长对正投影关系，画出 a'，再按高平齐求出 a''；同理求出 b' 和 b''，b'' 为不可见，如图 2-33（b）所示。

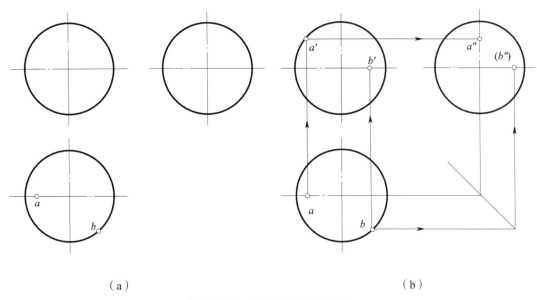

（a）　　　　　　　　　　　　　　　　（b）

◆图2-33　圆体表面点的投影

拓展提高

视图用来表达物体的形状，物体的大小则要由视图上所标注的尺寸数字来确定。任何物体都具有长、宽、高三个方向的尺寸。在视图上标注基本体的尺寸时，应将三个方向的尺寸标注齐全，既不能缺少也不允许重复。一些常见基本体及其尺寸的标注方法如图 2-34 所示。

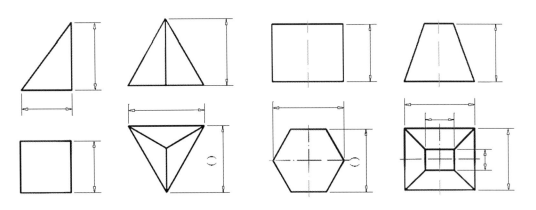

◆图2-34　基本体尺寸数字标注示例（一）

从图 2-35 可以看出，在表达物体的一组三视图中，尺寸应尽量标注在反映基本体形状特征的视图上，而圆的直径一般标注在投影为非圆的视图上。需要说明的是，一个径向尺寸包含两个方向。

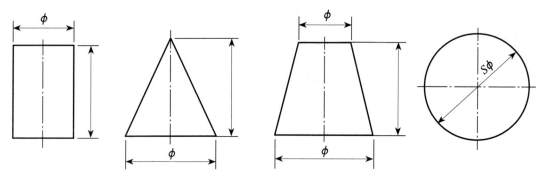

⬥ 图2-35 基本体尺寸数字标注示例（二）

单元三
立体表面之间的交线

 **单元概述**

　　立体是由若干个表面组成，这些表面可能是平面或曲面。机件上的两个表面相交形成表面交线，在这些交线中，有的是平面与立体表面相交而产生的截交线，有的是两立体表面相交且两部分形体互相贯穿而形成的相贯线。

　　本单元主要任务围绕立体表面交线的投影作图这一任务展开，介绍立体表面上点的投影、截交线的投影作图，相贯线的投影作图，进而为正确读图和对机件进行形体分析打下基础。

任务一　基本体表面上点的投影

 任务概述

　　无论是截交线还是相贯线，它们都是由立体表面上一系列的点连接而成，掌握常见立体表面上点的投影作图方法是解决立体表面交线投影作图问题的基础和关键。

　　本任务介绍常见立方体表面上点的投影作图方法及平面立体投影可见性的判别规律。

 任务要点

　　1. 理解平面立体投影可见性的判别规律。

2.掌握常见立方体表面上点的投影作图方法。

 **学习内容**

一、棱柱表面上点的投影

由于棱柱的表面都是平面，所以，在棱柱的表面上取点与在平面上取点的方法相同。

如图3-1所示，已知六棱柱 $ABCD$ 侧表面上点 M 的 V 面投影 m'，求该点的 H 面投影 m 和 W 面投影 m''。由于点 M 所在棱面 $ABCD$ 为铅垂面，其 H 面的投影积聚为直线 $a(d)$ $b(c)$，因此，点 M 的 H 面投影 m 必定在直线 $a(d)b(c)$ 上，由此求出 m，然后由 m' 和 m 求出 m''。由于棱面 $ABCD$ 的 W 面投影为可见，故 m'' 可见。

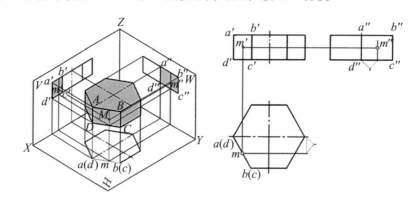

△ 图3-1　棱柱表面上点的投影

平面立体投影可见性的判别规律：

（1）在平面立体的每一投影中，其外形轮廓线都是可见的。

（2）在平面立体的每一投影中，外形轮廓线内的直线的可见性，相交时可利用交叉两直线的重影点来判别。

（3）在平面立体的每一投影中，外形轮廓线内，若多条棱线交于一点，且交点可见，则这些棱线均可见，否则均不可见。

（4）在平面立体的每一投影中，外形轮廓线内，两可见表面相交，其交线为可见。两不可见表面的交线为不可见。

二、棱锥表面上点的投影

正三棱锥由底面和三个侧棱面组成。正三棱锥的底面为水平面，在俯视图中反映实形。后侧棱面为侧垂面，在左视图中积聚为一斜线。左、右侧棱面是一般位置平面，在三个投影面上的投影为类似形。图 3-2 所示为已知三棱锥棱面上点 M 的 V 面投影 m'，求其另外两面投影的作图过程。

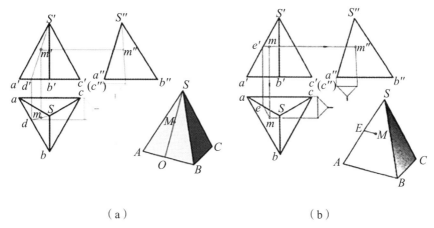

（a）   （b）

▲图3-2 棱锥表面上点的投影

由于点 M 所在表面∆ SAB 为一般位置平面，因此要用辅助线法作图。在图 3-2（a）中，辅助线为过锥顶 s 和点 M 的直线 SD。作图步骤：连接 s'm' 并延长交 a'b' 与 d'，得辅助线 SD 的 V 面投影 s'd'，再求出 SD 的 H 面投影 sd，则 m 必在 sd 上，由此求得 M 点的 H 面投影点 m。点 M 的 W 面投影 m"，可通过 s"d" 求得，也可由 m' 和 m 直接求得。

图 3-2（b）所示为另一种辅助线的作图方法，即过点 M 作 AB 的平行线 ME。作图步骤：过 m' 作辅助线的 V 面投影 m'e'//a'b'，再求出辅助线 ME 上点 E 的 H 面投影 e，由 em//ab 可求出点 M 的 H 面的投影 m，然后由 m' 和 m 求出 m"。

三、圆柱表面上点的投影

点在圆柱面上，利用水平投影积聚性，可以求出点 M 和点 N 的水平投影。

如图 3-3 所示，已知圆柱面上 M 点和 N 点的正面投影，求其水平投影和侧面投影。

由点 M 的正面投影的位置及可见性可知，点 M 位于前半个圆柱面的左侧。由点 N 的正面投影的位置及可见性可知，点 N 位于前半个圆柱面的右侧。

如图 3-3 所示，利用圆柱面的水平投影的积聚性，由 m'、n' 求出 M、N 点的水平投影 m、n，再利用"三等"关系求得 m"、n"。判别可见性：由上面分析可判断出 m" 可见，n" 不可见。

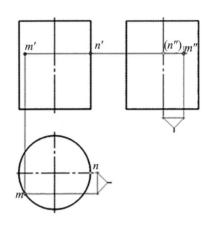

⚠ 图3-3　圆柱表面上点的投影

四、球面上点的投影

球面的三个投影都没有积聚性，要利用辅助纬圆法求解。如图 3-4 所示，已知球面上点 M 的 V 面投影（m'），求 m 和 m''。

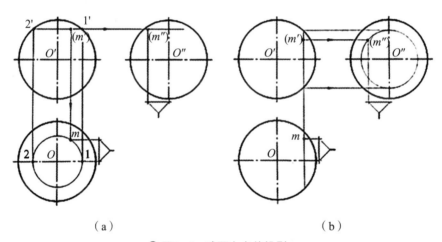

（a）　　　　　　　　　　　　　　　　　　　　（b）

⚠ 图3-4　球面上点的投影

图 3-4（a）所示为作水平辅助纬圆：过 m' 作水平圆 V 面的积聚投影 $1'2'$，再作出其 H 面的投影（以 O 为圆心，$1'2'$ 为直径画圆），在该圆的 H 面投影上求得 m。由于 m' 不可见，则 M 必在后半球面上。然后由 m' 和 m 求出 m''，由于点 M 在右半球面上，所以 m'' 不可见。

图 3-4（b）所示为通过平行侧面的辅助纬圆求球面上点的投影的作图过程。

注意：点的可见性判别，若点所在平面的投影可见，点的投影可见；若平面的投影积聚成直线，点的投影也可见。所以，求立体表面上点的投影的关键是利用点与线、面的从属关系，即点在某一立体的线、面上，点的投影一定落在点所处的线、面的同面投影上。

拓展提高

除了以上四种常见立体表面投影外，我们学习一下圆锥表面上点的投影。如图3-5、图3-6所示，已知圆锥表面上 M 的正面投影 m'，求作点 M 的其余两个投影。

分析图3-5如下：因为 m' 可见，所以 M 必在前半个圆锥面的左边，故可判定点 M 的另两面投影均为可见。作图方法有两种：（1）辅助线法；（2）辅助圆法。

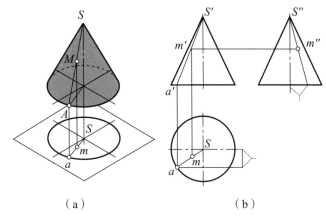

（a）　　　　　　　　　　　（b）

⚫ 图3-5　辅助线法求圆锥表面上点的投影

作法一（辅助线法）　如图3-5（a）所示，过锥顶 S 和 M 作一直线 SA 与底面交于点 A。点 M 的各个投影必在此 SA 的相应投影上。在图3-5（b）中，过 m' 作 $s'a'$，然后求出其水平投影 sa。由于点 M 属于直线 SA，根据点在直线上的从属性质可知 m 必在 sa 上，求出水平投影 m，再根据 m、m' 可求出 m''。

作法二（辅助圆法）　如图3-6（a）所示，过圆锥面上点 M 作一垂直于圆锥轴线的辅助圆，点 M 的各个投影必在此辅助圆的相应投影上。

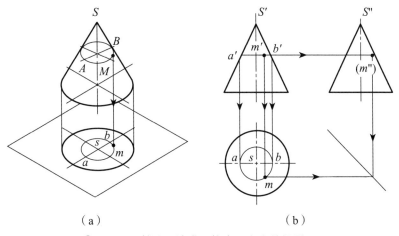

（a）　　　　　　　　　　　（b）

⚫ 图3-6　辅助圆法求圆锥表面上点的投影

在图 3-6（b）中，过 m' 作水平线 $a'b'$，此为辅助圆的正面投影积聚线。辅助圆的水平投影为一直径等于 $a'b'$ 的圆，圆心为 s，由 m' 向下引垂线与此圆相交，且根据点 M 的可见性，即可求出 m。然后再由 m' 和 m 可求出 m''。

任务二 平面切割立体的投影

任务概述

实际的机器零件有些部分并不是完整的基本几何体，而是经过截切后的基本几何体，称为切割体，如图 3-7 所示的方形斜槽和顶尖。用平面切割立体，截平面与立体表面的交线称为截交线。

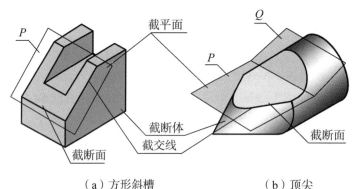

（a）方形斜槽　　　　　　　　（b）顶尖

△ 图3-7　截交线的形成

截交线的形状虽有多种，但均具有以下两个基本特性：

（1）封闭性　截交线为封闭的平面图形。

（2）共有性　截交线既在截平面上，又在立体表面上，是截平面与立体表面的共有线，截交线上的点均为截平面与立体表面的共有点。

求画截交线的实质就是求出截平面与立体表面的一系列共有点，然后依次连接各点即可。

任务要点

1. 了解截交线形状的两个基本特性。

2. 掌握平面切割平面体的作图方法。

3.掌握平面切割回转曲面体的作图方法。

学习内容

一、平面切割平面体

平面与平面立体相交,其截交线是一个封闭的平面多边形。多边形的各个顶点是截平面与平面立体的棱线或底边的交点,多边形的每一条边是截平面与平面立体表面的交线。因此,求平面立体的截交线,就是求截平面与平面立体上被截各棱线或底边的交点的投影,判别可见性后再依次相接。

如图3-8(a)所示,正六棱柱被正垂面切割,截平面P与正六棱柱的六条棱线都相交,所以截交线是一个六边形,六边形的顶点为各棱线与截平面P的交点。截交线的正面投影积聚在p'上,1'、2'、3'、4'、5'、6'分别为各棱线与p'的交点。由于正六棱柱的六条棱线在俯视图上的投影具有积聚性,所以截交线的水平投影为已知。根据截交线的正面和水平面投影可做出侧面投影,并且截交线的侧面投影类似于水平投影的六边形。

作图步骤:

(1)画出被切割前正六棱柱的左视图,如图3-8(b)所示。

(2)根据截交线(六边形)各顶点的正面和水平面投影做出截交线的侧面投影1"、2"、3"、4"、5"、6",如图3-9(c)所示。

(3)顺次连接1"、2"、3"、4"、5"、6"、1",补画遗漏的虚线(注意:正六棱柱上最右棱线的侧面投影为不可见,左视图上不要漏画这一段虚线),擦去多余的作图线并描深。作图结果如图3-8(d)所示。

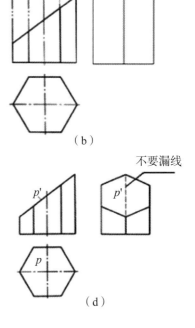

图3-8　正六棱柱被正垂面切割

例 3-1　画出图 3-9 所示平面切割体的三视图。

分析：该切割体可看成是用正垂面 P 和铅垂面 Q 分别切去长方体的左上角和左前角而形成。平面 P 与长方体表面的交线 Ⅰ Ⅱ、Ⅲ Ⅳ 是正垂线；平面 Q 与长方体表面的交线 AB、CD 是铅垂线；而 P 面与 Q 面的交线 AD 则是一般位置直线。本题作图的关键是求作 AD 的侧面投影 $a''d''$。

作图步骤：

（1）做出长方体被正垂面 P 切割后的投影，如图 3-9（b）所示。

（2）做出铅垂面 Q 的投影，如图 3-9（c）所示。铅垂面 Q 产生的交线为梯形 $ABCD$。先画出有积聚性的水平投影，再做出铅垂线 AB 和 CD 的正面和侧面投影 $a'b'c'd'$、$a''b''$、$c''d''$，连 接端点 $a''d''$ 即为一般位置直线 AD 的侧面投影。值得注意的是，长方体被正垂面切割后的 P 面的水平和侧面投影是类似的四边形。

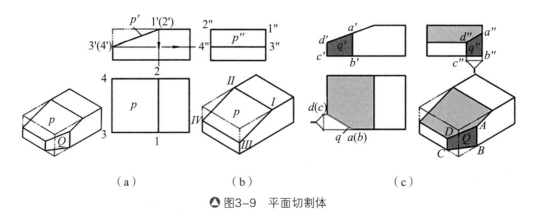

（a）　　　　　　　　（b）　　　　　　　　（c）

⬥ 图3-9　平面切割体

二、平面切割回转曲面体

回转体被平面截切，其截交线一般为封闭的平面曲线。平面切割曲面体时，截交线的形状取决于曲面体表面的形状以及截平面与曲面体的相对位置。

1. 平面与圆柱相交

平面与圆柱相交时，根据截平面与圆柱轴线相对位置的不同可形成三种不同形状的截交线，矩形、圆、椭圆，见表 3-1。

表3-1 平面与圆柱相交

截平面的位置	立体图	投影图	截交线形状
截平面平行于轴线			矩形
截平面垂直于轴线			圆
截平面倾斜于轴线			椭圆

例 3-2 图 3-10（a）所示为圆柱被正垂面斜切，已知主、俯视图，求作左视图。

分析：截平面 P 与圆柱轴线倾斜，截交线为椭圆。由于 P 面是正垂面，所以截交线的正投影积聚在 p' 上；因为圆柱面的水平投影具有积聚性，所以截交线的水平投影积聚在圆周上。而截交线的侧面投影一般情况下仍为椭圆。

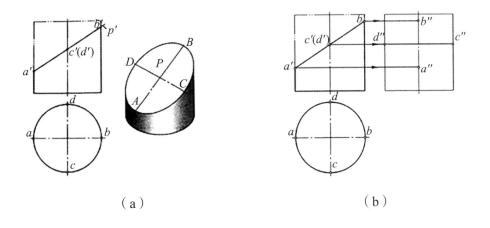

（a）　　　　　　　　　　　　　　　（b）

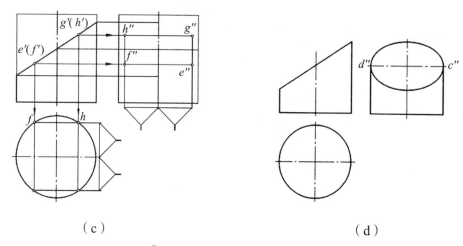

（c） （d）

🔺图3-10 圆柱被正垂面斜切

作图步骤：

（1）求特殊点 由图3-10（a）可知，最低点 A 和最高点 B 是椭圆长轴的两端点，也是位于圆柱最左、最右素线上的点。最前点 C 和最后点 D 是椭圆短轴的两端点，也是位于圆柱最前、最后素线上的点。A、B、C、D 的正面和水平投影可利用积聚性直接做出。然后由正面投影 a'、b'、c'、d' 和水平投影 a、b、c、d 做出侧面投影 a"b"、c"d"，如图 3-10（b）所示。

（2）求中间点 为了准确作图，还必须在特殊点之间做出适当数量的中间点，如 E、F、G、H 各点。可先做出它们的水平投影 e、f、g、h 和正面投影 e'（f'）、g'（h'），再做出侧面投影 e"、f"、g"、h"。

(3)依次光滑连接 a"、e"、c"、g"、b"、h"、d"、f"、a"，即为所求截交线椭圆的侧面投影，圆柱的轮廓线在 c"、d" 处与椭圆相切。描深切割后的图形轮廓，如图 3-10（d）所示。

2. 平面与圆锥相交（表3-2）

表3-2 平面与圆锥相交

截平面的位置	立体图	投影图	截交线形状
截平面垂直于轴线	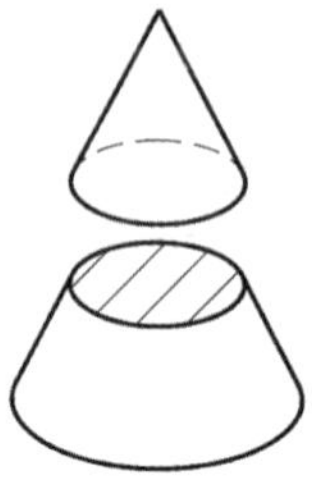	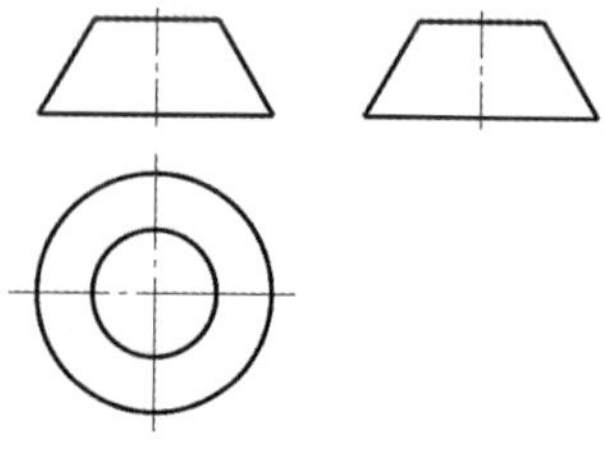	圆

（续表）

截平面的位置	立体图	投影图	截交线形状
截平面通过锥顶	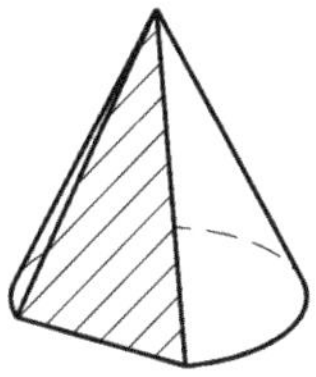	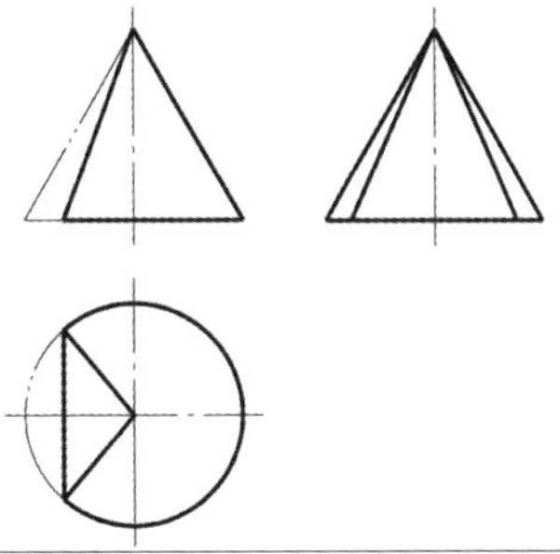	三角形
截平面倾斜于轴线，并与所有的素线相交		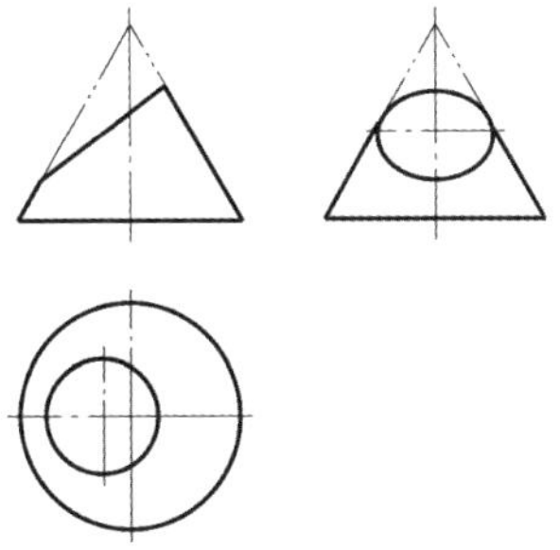	椭圆
截平面倾斜于轴线，并与某一条素线平行	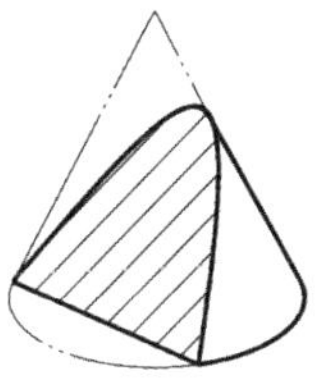	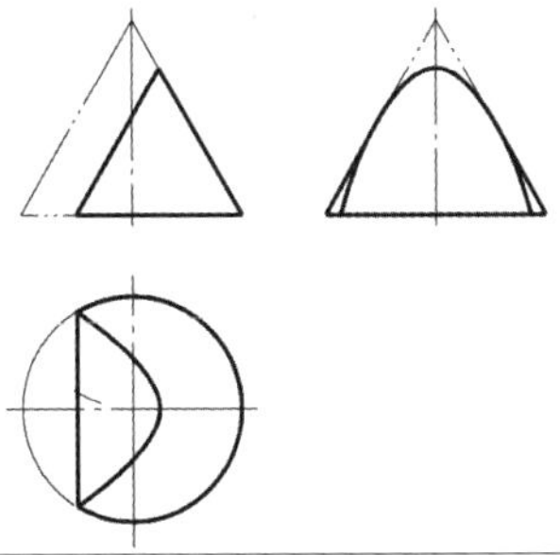	抛物线
截平面平行于轴线	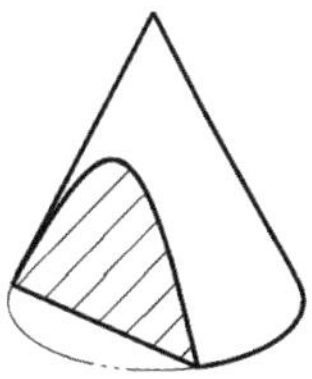	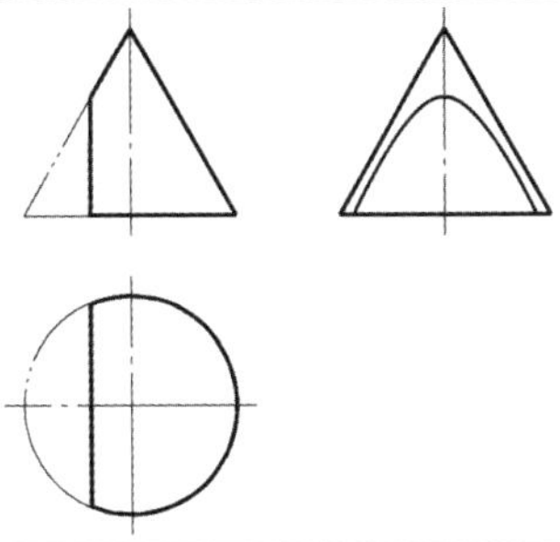	双曲线

　　根据截平面对圆锥轴线的位置不同，截交线有五种情况：椭圆、圆、双曲线、抛物线和相交两直线。除了过锥顶的截平面与圆锥的截交线是相交两直线外，其他四种情况都是曲线，但不论何种曲线（圆除外），其作图步骤总是先做出截交线上的特殊点，再做出若干中间点，最后光滑连接成曲线。

　　例3-3　补全正平面切割圆锥后的正面投影。

分析：如图 3-11（a）所示，正平面与圆锥轴线平行，与圆锥面和底面形成的交线为双曲线加直线，可采用辅助纬圆法或辅助素线法求作双曲线的正面投影。

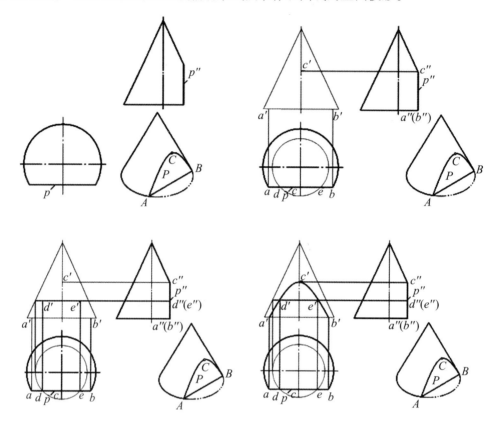

△ 图3-11　平面切割圆锥

作图步骤：

（1）求特殊点　最高点 C 是圆锥面最前素线与正平面的交点，利用积聚性直接做出侧面投影 c" 和水平投影 c，由 c" 和 c 做出正面投影 c'；最低点 A、B 是圆锥底面与正平面的交点，直接定出 a、b 和 a"、b"，再做出 a'、b'［图 3-11（b）］。

（2）求中间点　在适当位置作水平纬圆，该圆的水平投影与正平面的水平投影的交点 d、e 即为交线上两点的水平投影，再做出 d'、e' 和 d"、e"［图 3-11（c）］。

（3）依次光滑连接 a'、d'、c'、e'、b' 补全切割后的正面投影［图 3-11（d）］。

 拓展提高 ••

平面与圆球相交

球体被任何平面切割时截交线都是圆，但由于截平面相对于投影面的位置不同，其截交线的投影可能为直线、圆或椭圆，如图 3-12 所示。

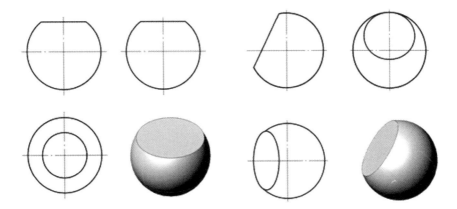

（a）球被水平面切割　　　　　　　（b）球被正垂面切割

◎图3-12　球体切割

例 3-4　如图 3-13（a）所示，画出螺钉头的俯视图和左视图。

绘图过程如图 3-13（b）、（c）、（d）所示。

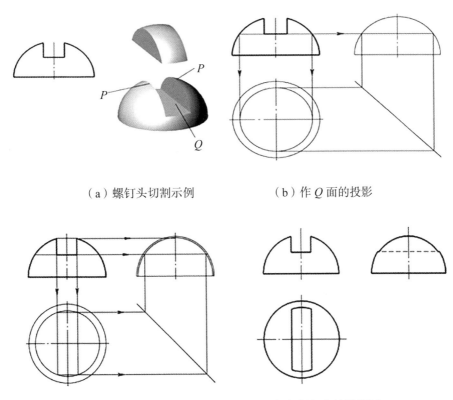

（a）螺钉头切割示例　　　　　　　（b）作 Q 面的投影

（c）作 P 面的投影　　　　　　　（d）螺钉头的投影图

◎图3-13　螺钉头切割投影作图

任务三 立体表面交线的投影

任务概述

两立体相交后的形体称为相贯体，两立体表面的交线称为相贯线，相贯线上的点为两相交立体体表面上的共有点，求画相贯线的实质就是要求出两立体表面一系列的共有点。

本任务主要解决：①在立体表面上找点的方法；②利用辅助平面法作图。

任务要点

1. 理解立体表面上找点的方法。
2. 熟悉利用辅助平面法作图。
3. 掌握相贯线作图方法。

学习内容

立体相交，常见的是两回转体相交，例如圆柱与圆柱相交、圆锥与圆柱相交以及圆柱与圆球相交等，其相贯线是一条封闭的空间曲线，特殊情况可能是不封闭的空间曲线，也可能是平面曲线或直线。

下面我们学习回转体相交的相贯线。

一、圆柱与圆柱相交

两圆柱正交是工程上最常见的，图3-14（a）所示三通管就是轴线正交的两圆柱表面形成相贯线的实例。相贯线的作图方法主要是利用投影的积聚性直接找点，或者用辅助平面法。

（a）三通管　　　　　　　　（b）直径不等的圆柱正交

▲图3-14　圆柱与圆柱相交

例3-5　如图3-14（b）所示，两个直径不等的圆柱正交，求作相贯线的投影。

分析：两圆柱轴线垂直相交称为正交，当直立圆柱轴线为铅垂线、水平圆柱轴线为侧垂线时，直立圆柱面的水平和水平圆柱面的侧面投影都具有积聚性，所以，相贯线的水平和侧面投影分别积聚在它们的圆周上，如图3-15（a）所示。因此，只要根据已知的水平和侧面投影，求作相贯线的正面投影即可。因为相贯线前后对称，在其正面投影中，可见的前半部分与不可见的后半部分重合，且左右也对称。因此，求作相贯线的正面投影，只需做出前面的一半。

作图步骤：

（1）求特殊点　水平圆柱最高素线与直立圆柱最左、最右素线的交点A、B是相贯线上的最高点，也是最左、最右点。a'、b'、a、b和a"、b"均可直接做出。点c是相贯线上的最低点，也是最前点，c"和c可直接做出，再由c"、c求得c'，如图3-15（b）所示。

（2）求中间点　利用积聚性，在侧面投影和水平投影上定出e"、f"和e、f，再做出e'、f'如图3-15（c）所示。

（3）光滑连接a'、e'、c'、f'、b'，即为相贯线的正面投影，作图结果如图3-15（d）所示。

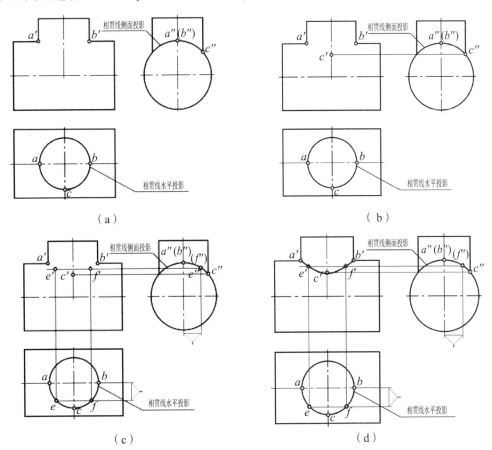

▲图3-15　圆柱相贯线作图

二、相贯线的特殊情况

一般情况下，相贯线为封闭的空间曲线，但也有特例，下面介绍相贯线的几种特殊情况。

1. 相贯线为平面曲线

（1）两个同轴回转体相交时，它们的相贯线一定是垂直于轴线的圆，当回转体轴线平行于某投影面时，这个圆在该投影面的投影为垂直于轴线的直线，如图3-16所示。

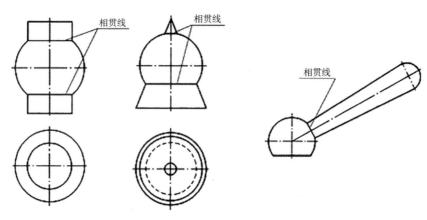

⬥ 图3-16　同轴回转体的相贯线

（2）当轴线相交的两圆柱或圆柱与圆锥公切于一个球面时，相贯线是平面曲线一两个相交的椭圆。椭圆所在的平面垂直于两条轴线所决定的平面，如图3-17所示。

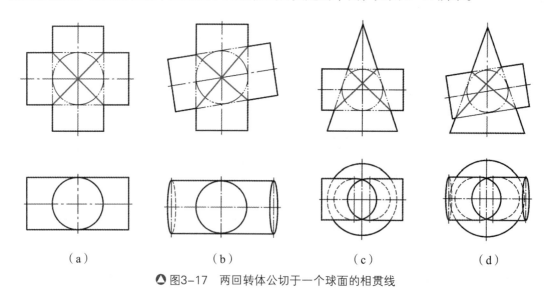

| （a） | （b） | （c） | （d） |

⬥ 图3-17　两回转体公切于一个球面的相贯线

2. 相贯线为直线

当两圆柱的轴线平行时，相贯线为直线，如图3-18所示。当两圆锥共顶时，相贯线为直线，如图3-19所示。

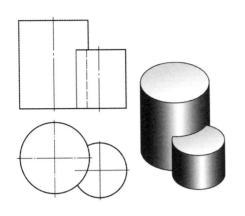

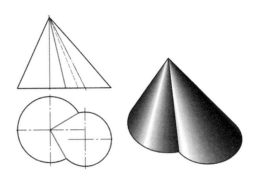

🔺 图3-18   相交两圆柱轴线平行的相贯线   🔺 图3-19   相交两圆锥共顶的相贯线

 拓展提高

从圆柱相贯到圆筒相贯的演变过程见表3-3。

表3-3   圆柱相贯到圆筒相贯

两圆柱外表面相交	圆柱外表面与圆柱孔内表面相交	两圆柱孔内表面相交

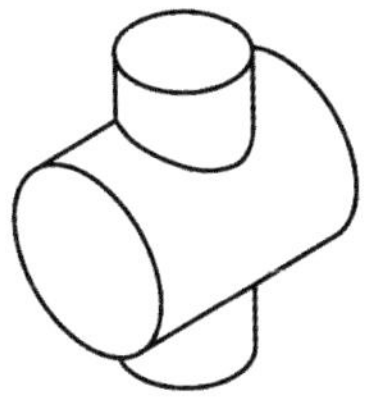

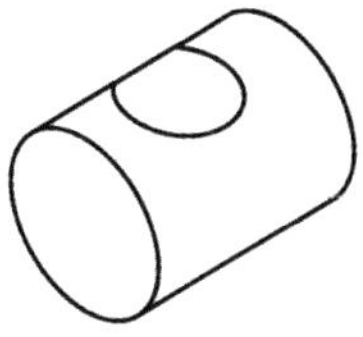

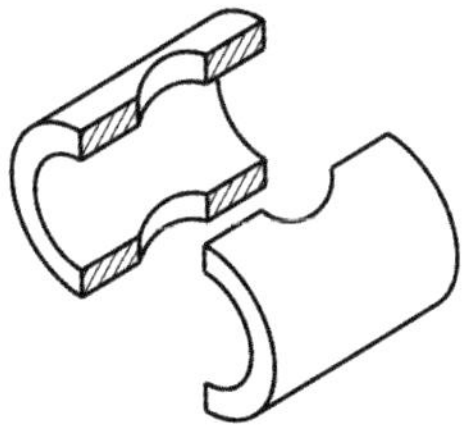

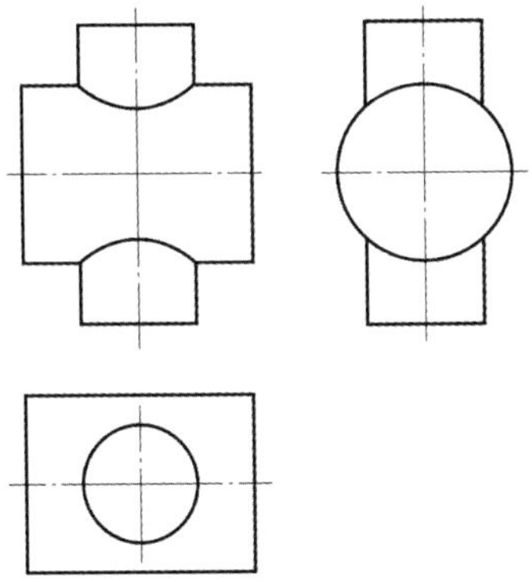

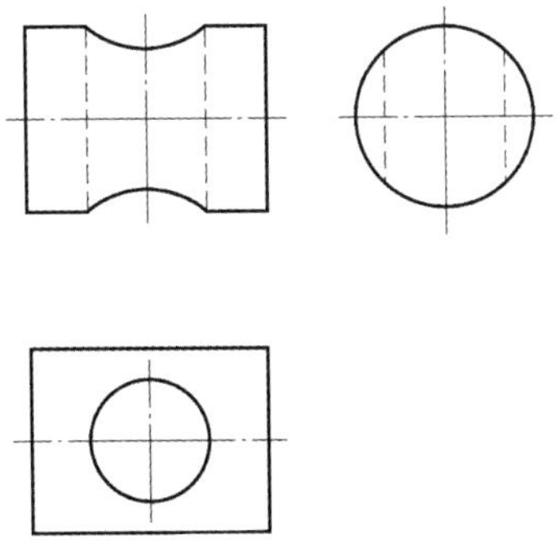

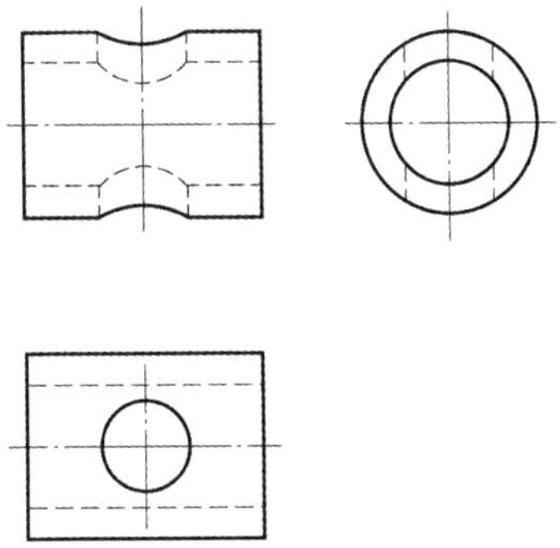

单元四
组合体的投影

单元概述

　　任何机器零件从形体角度分析，都是由一些基本体经过叠加、切割或穿孔等方式组合而成。这种两个或两个以上的基本形体组合构成的整体称为组合体。掌握组合体画图和读图的基本方法十分重要，将为进一步识图和绘制零件图打下基础。

　　本单元主要任务是围绕组合体这一中心概念，介绍组合体形体分析、组合体的视图、组合体的尺寸标注、组合体视图的识读，为进行实际生产过程中遇到的实体测绘打下坚实的基础。

任务一　组合体的形体分析

任务概述

　　组合体是两个或两个以上的基本体构成的物体。形体分析就是将组合体分解成若干基本几何体，弄清各部分的形状、相对位置、组合方式及表面连接关系，再组合起来想象整体形状的方法，帮助学生理解组合体的组合形式和组合体中相邻形体表面的连接关系。

　　本任务介绍组合体的组合形式，以及组合体中相邻形体表面的连接关系。

任务要点

　　1.理解组合体的组合形式。

2.掌握组合体中相邻形体表面的连接关系。

3.使学生能熟练分析组合体构成，正确绘制其三视图。

学习内容

一、组合体的组合形式

组合体的组合形式有叠加型、切割型和综合型三种。叠加型组合体可看成是由若干基本形体叠加而成，如图4-1（a）所示。切割型组合体可看成是一个完整的基本体经过切割或穿孔后形成，如图4-1（b）所示。多数组合体则是既有叠加又有切割的综合型，如图4-1（c）所示。

（a）叠加型　　　　　（b）切割型　　　　　（c）综合型

图4-1　组合体的组合形式

二、组合体中相邻形体表面的连接关系

组合体中的基本形体经过叠加、切割或穿孔后，形体的相邻表面之间可能形成平齐、相切或相交三种特殊关系。

1.平齐

当两形体相邻表面平齐时，在平齐处不应有相邻表面的分界线，如图4-2所示。

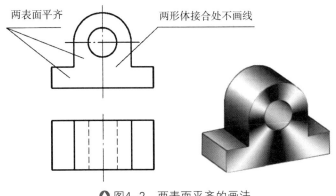

两表面平齐　　　　　两形体接合处不画线

图4-2　两表面平齐的画法

2. 相切

当两形体相邻表面相切时，由于相切是光滑过渡，所以切线的投影不必画出，如图4-3、图4-4所示。

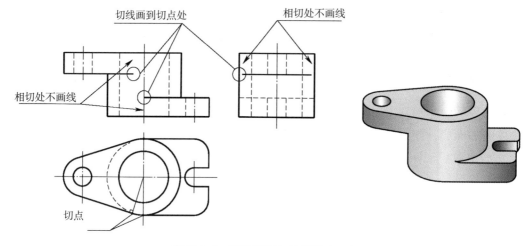

● 图4-3　两表面相切的画法（一）

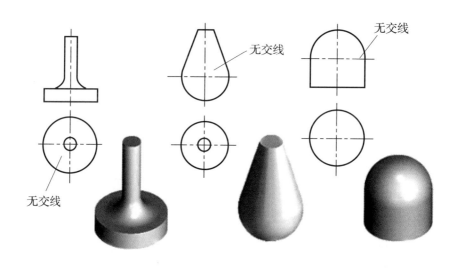

● 图4-4　两表面相切的画法（二）

3. 相交

当两形体相交时会产生各种形式的交线，应在投影图中画出交线的投影，如图4-5所示。

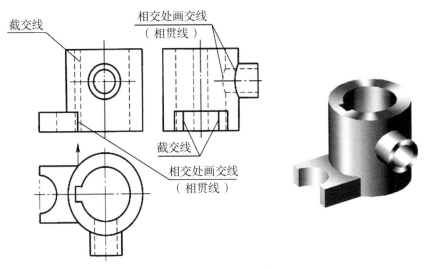

截交线

相交处画交线
（相贯线）

截交线

相交处画交线
（相贯线）

图4-5　组合体相交

拓展提高 ●

　　组合体相邻形体表面除了有平齐、相切、相交三种形式之外，不平齐（也叫错位）的情况在实际的形体和零件中多有存在，必须作为一个知识点掌握，如图4-6所示。

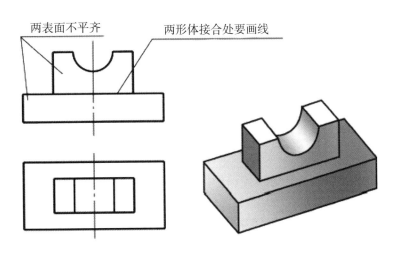

两表面不平齐

两形体接合处要画线

图4-6　组合体不平齐

任务二　绘制组合体的视图

任务概述

　　画组合体视图时，首先要运用形体分析法将组合体分解为若干基本形体，分析它们的组合形式和相对位置，判断形体间相邻表面是否存在共面、相切或相交的关系，然后逐个画出各个基本形体的三视图。必要时还要对组合体中的投影面垂直面或一般位置平面及其相邻表面关系进行面形分析。

　　本任务主要讲解叠加型组合体和切割型组合体的画法。

任务要点

　　1. 理解各类组合体的形体分析方法。

　　2. 熟练选择组合体视图表达方案。

　　3. 掌握组合体的视图画法及步骤。

学习内容

一、叠加型组合体的视图画法

1. 形体分析

　　如图 4-7 所示轴承座，根据形体结构特点，可将其看成是由凸台、支撑板、底板、肋板和圆筒五部分叠加而成的，凸台 1 圆柱表面和圆筒 5 圆柱表面之间成相交；支撑板 2 两侧面和圆筒 5 圆柱表面之间相切；支撑板 2 后表面与底板 3 后表面共面，两者前表面错开，不共面；肋板 4 与支撑板 2、底板 3 的相邻表面都相交；底板 3、凸台 1、圆筒 5 有通孔且凸台 1 与圆筒 5 上母线处有一径向孔，底板 3 前面有两个圆角且切出一个凹槽。

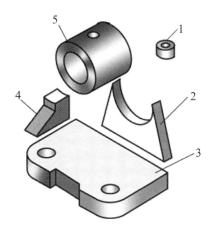

1-凸台　2-支撑板　3-底板　4-肋板　5-圆筒

△图4-7　轴承座的形体分析

2.选择视图

如图4-8所示,将轴承座按自然位置安放后,经过比较前后左右四个不同投射方向可以看出,最终选择 A 向作为主视图的投射方向要比其他方向好。因为组成轴承座的基本形体及其整体结构特性在 A 向表达最为清晰。

A

主视方向

△图4-8　轴承座的投射方向选择

3.画图步骤

选择合适的比例和图纸幅面,确定视图位置。先画出各视图的主要中心线和基线,然后按形体分析法,从主要形体(底板、支撑板、圆筒)着手,先画出有形状特征的视图,且先画出主要部分,再画出次要部分,再按各基本体形状的相对位置和表面连接关系及其投影关系,逐个画出它们的三视图。

例4-1　请绘制出图4-8所示的轴承座的合理的视图。

分析过程如前面所述。

具体作图步骤见表 4-1。

表4-1　轴承座作图步骤

1. 画各视图的主要中心线和基准线

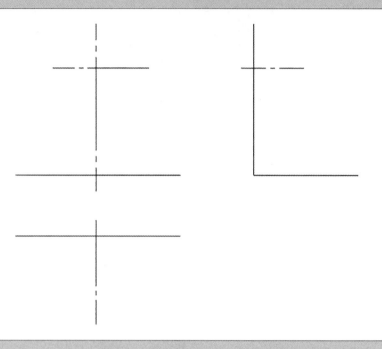

2. 画底板的三视图

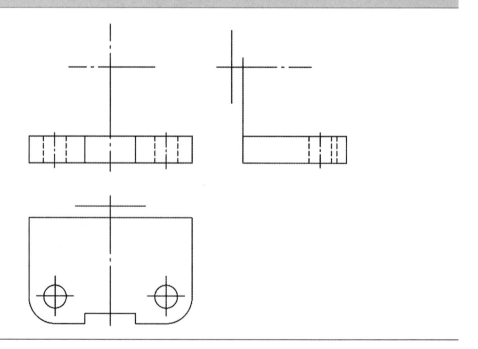

（续表）

3．画圆筒的三视图

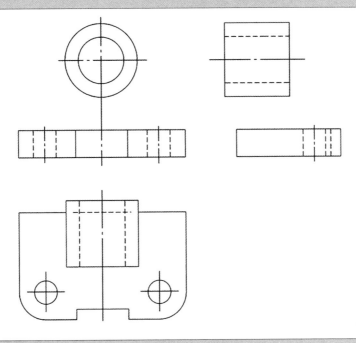

4．画支撑板的三视图

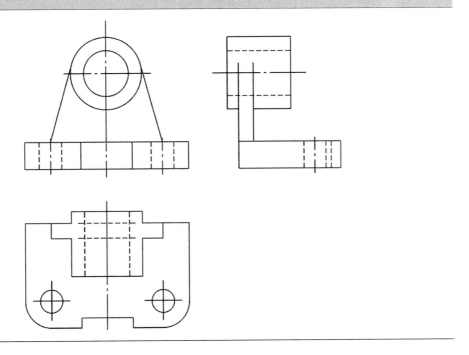

（续表）

5．画肋板的三视图

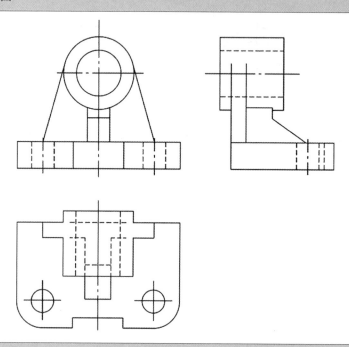

6．画凸台的三视图

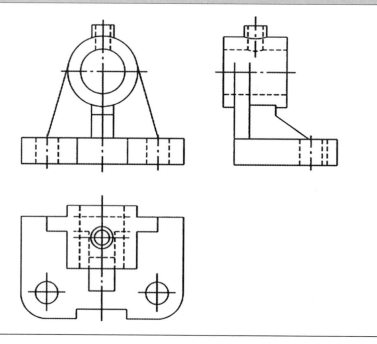

（续表）

7. 检查并擦除多余的作图线，按要求描深可见轮廓线

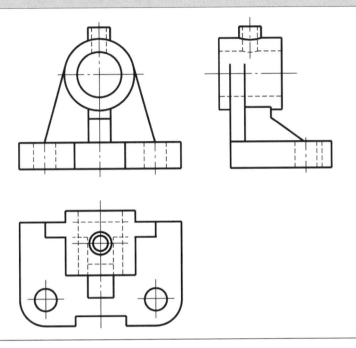

二、切割型组合体的视图画法

如图 4-9（a）所示，组合体可看成是由长方体切去基本形体 1、2、3 而形成。画切割型组合体的视图可在形体分析的基础上结合面形分析法进行。

所谓面形分析法，是根据表面的投影特性来分析组合体表面的性质、形状和相对位置，从而完成画图和读图的方法。切割型组合体的作图过程如图 4-9 所示。

画图时应注意：

（1）作每个切口投影时，应先从反映形体特征轮廓且具有积聚性投影的视图开始，再按投影关系画出其他视图。第一次切割时，去掉基本形体 2，如图 4-9（b）所示，先画切口的主视图，再画出俯、左视图中的图线；第二次切割时，去掉基本形体 1，如图 4-9（c）所示，先画圆槽的俯视图，再画出主、左视图中的图线；第三次切割时，去掉基本形体 3，如图 4-9（d）所示，先画梯形槽的左视图，再画出主、俯视图中的图线。

（2）注意切口截面投影的类似性。如图 4-9（d）中的梯形槽与斜面相交而形成的截面，其水平投影与侧面投影应为类似形。

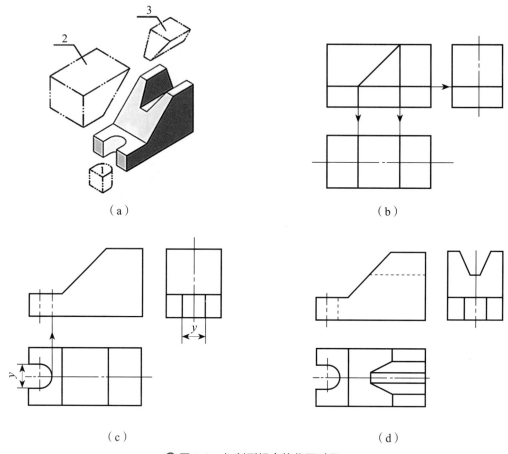

（a）   （b）

（c）   （d）

🔺 图4-9　切割型组合体作图过程

拓展提高

在图纸上绘组合体三视图时，要根据实物的大小和复杂程度，选择符合标准规定的比例和图幅，并合理布局。

1.在一般大小的情况下，尽量选用1∶1的比例，让图纸更能表现实物。

2.图幅的大小应根据所绘制视图的面积大小以及留足尺寸标注、标题栏等位置来确定。

3.布置视图时，把各视图均匀地布置在图幅上，使各视图之间、视图与图框之间的位置适当，留足空以便标注所需的尺寸。

任务三　组合体的尺寸标注

任务概述

　　视图只能表达组合体的形状，而形体的真实大小及各部分的相对位置，则要根据视图上所标注的尺寸来确定；在工厂中，设计者和制造者之间的沟通交流主要利用图纸，所以图纸上尺寸的标注尤为重要。

　　本任务着重讲解尺寸标注的基本要求以及组合体尺寸标注的方法。

任务要点

　　1. 了解组合体尺寸标注的基本要求。

　　2. 掌握组合体尺寸标注的方法。

　　3. 使学生能正确标注组合体尺寸。

学习内容

一、尺寸标注的基本要求

　　组合体尺寸标注的基本要求是：正确、齐全和清晰。正确是指符合国家标准的规定，注法要严格遵守国家标准《机械制图　尺寸注法》(GB/T 4458.4—2003)；齐全是指标注的尺寸必须能完全确定组合体的形状、大小及其相对位置，不遗漏、不重复。清晰就是尺寸要恰当布局，便于查找和看图，不会发生误解和混淆。

　　图 4-10 所示为一组尺寸的标注，是否符合尺寸的标注要求的优与劣可以明显看出。

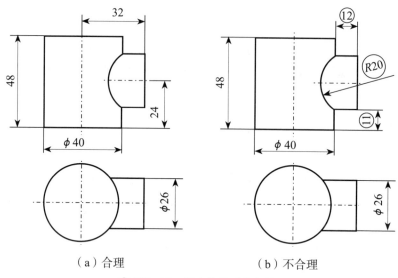

（a）合理　　　　　　　　　　　（b）不合理

▲图4-10　组合体尺寸的标注

二、组合体的尺寸标注

1.尺寸基准

标注尺寸的起始位置称为尺寸基准。组合体有长、宽、高三个方向的尺寸，每个方向至少应有一个尺寸基准。组合体的尺寸标注中，常选取对称面、底面、端面、轴线或圆的中心线等几何元素作为尺寸基准。在选择基准时，每个方向除一个主要基准外，根据情况还可以有几个辅助基准。基准选定后，各方向的主要尺寸（尤其是定位尺寸）就应从相应的尺寸基准进行标注。

如图 4-11 所示支架，是用竖板的右端面作为长度方向尺寸基准；用前、后对称平面作为宽度方向尺寸基准；用底板的底面作为高度方向的尺寸基准。

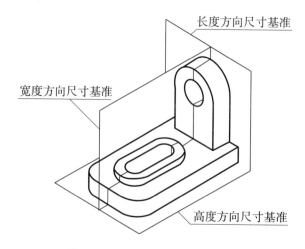

▲图4-11　支架的尺寸基准分析

2. 标注尺寸要完整

要使尺寸标注完整，既无遗漏，又不重复，最有效的办法是对组合体进行形体分析，根据各基本体形状及其相对位置分别标注以下几类尺寸。

（1）定形尺寸　确定各基本体形状大小的尺寸。如图 4-12（a）中的 50、34、10、R8 等尺寸确定了底板的形状。而 R14、ϕ16 等是竖板的定形尺寸。

（2）定位尺寸　确定各基本体之间相对位置的尺寸。图 4-12（a）俯视图中的尺寸 8 确定竖板在宽度方向的位置，主视图中尺寸 32 确定 ϕ16 孔在高度方向的位置。

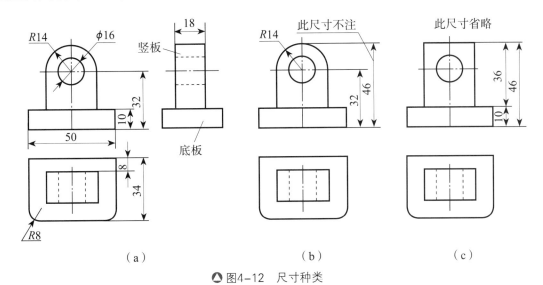

△图4-12　尺寸种类

（3）总体尺寸　确定组合体外形总长、总宽、总高的尺寸。总体尺寸有时和定形尺寸重合，如图 4-12（a）中的总长 50 和总宽 34 同时也是底板的定形尺寸。对于具有圆弧面的结构，通常只注中心线位置尺寸，而不注总体尺寸。如图 4-12（b）中总高可由 32 和 R14 确定，此时就不再标注总高 46 了。当标注了总体尺寸后，有时可能会出现尺寸重复，这时可考虑省略某些定形尺寸。如图 4-12（c）中总高 46 和定形尺寸 10、36 重复，此时可根据情况将此二者之一省略。

3. 标注尺寸的方法和步骤

标注组合体的尺寸时，应先对组合体进行形体分析，选择基准，标注出定形尺寸、定位尺寸和总体尺寸，最后检查、核对。

例 4-2　以图 4-13（a）、（b）所示的支座为例说明组合体尺寸标注的方法和步骤。

具体步骤如下：

（1）进行形体分析　该支座由底板、圆筒、支撑板、肋板四部分组成，它们之间的组合形式为叠加，如图 4-13（c）所示。

（2）选择尺寸基准　该支座左右对称，故选择对称平面作为长度方向尺寸基准；底板和支撑板的后端面平齐，可选作宽度方向尺寸基准；底板的下底面是支座的安装面，可选作高度方向尺寸基准，如图4-13（a）所示。

（3）标注定形尺寸　根据形体分析，逐个注出底板、圆筒、支撑板、肋板的定形尺寸，如图4-13（d）、（e）所示。

（4）标注定位尺寸　根据选定的尺寸基准，注出确定各部分相对位置的定位尺寸。如图4-13（f）中，确定圆筒与底板相对位置的尺寸32，以及确定底板上两个φ8孔位置的尺寸34和26。

（5）标注总体尺寸　此图中所示支座的总长与底板的长度相等，总宽由底板宽度和圆筒伸出部分长度确定，总高由圆筒轴线高度加圆筒直径的一半决定，因此，这几个总体尺寸都已标出。

（6）检查尺寸标注有无重复、遗漏，并进行修改和调整，最后结果如图4-13（f）所示。

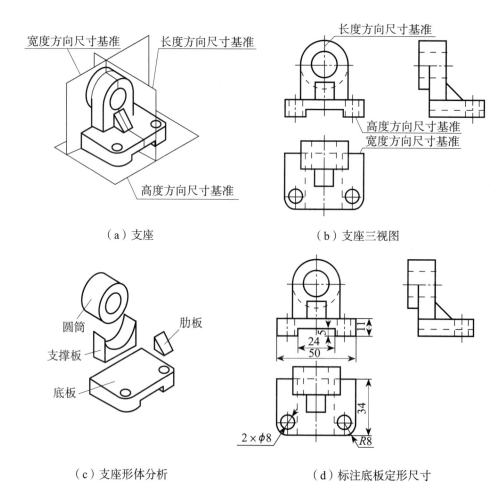

（a）支座　　　　　　　　　　　　（b）支座三视图

（c）支座形体分析　　　　　　　　（d）标注底板定形尺寸

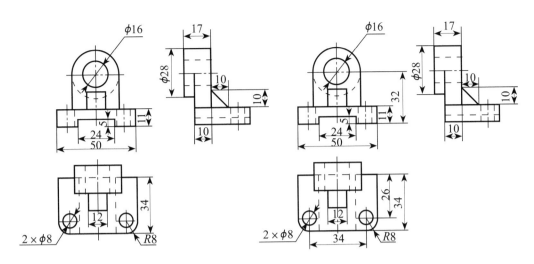

（e）标注圆筒、支撑板、肋板定形尺寸　　　　（f）标注定位尺寸、总体尺寸

图4-13　支座的尺寸标注

4.常见结构的尺寸注法

图4-14列出了组合体上一些常见结构的尺寸注法。

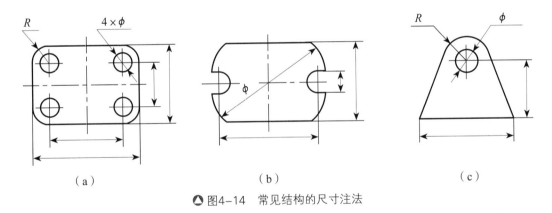

（a）　　　　　　　　　　　（b）　　　　　　　　　　　（c）

图4-14　常见结构的尺寸注法

拓展提高

组合体尺寸标注需要遵循的几个规律：

1.突出特征

尺寸应尽量标注在反映形体特征最明显的视图上，如图 4-15 所示。

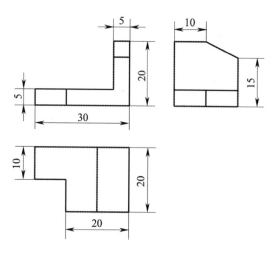

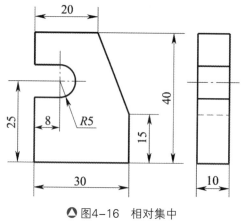

▲ 图4-15 突出特征

2. 相对集中

同一基本形体的定形尺寸和确定其位置的定位尺寸，应尽可能集中标注在一个视图上，如图4-16 所示。

▲ 图4-16 相对集中

3. 整齐有序

同一视图上的平行并列尺寸，应按"小尺寸在内，大尺寸在外"的原则来排列，且尺寸线与轮廓线、尺寸线与尺寸线之间的间距要适当，如图 4-17 所示。

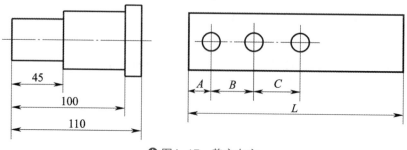

▲ 图4-17 整齐有序

4. 直径与半径的标注

直径尺寸应尽量标注在投影为非圆的视图上，而圆弧的半径应标注在投影为圆的视图上，如图 4-18 所示。

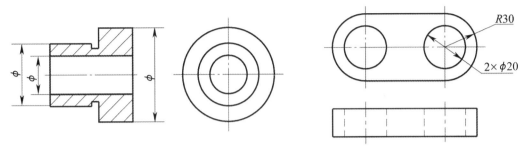

⬢图4-18　直径与半径的标注

5. 避虚就实

尽量避免在虚线上标注尺寸，如图 4-19 所示。

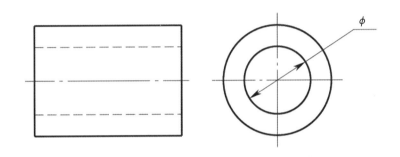

⬢图4-19　避虚就实

任务四　组合体视图的识读

🖼️ 任务概述

画图是把物体的形状按一定的投影方法和规则在图纸上用图形表达出来，即由物到图，而读图则是根据所画投影图中的各种图线和封闭线框以及投影之间的对应关系，想象出所表达的物体形状，即由图到物。所以，读图与画图过程恰好相反，只要对各种几何要素（点、线、面、体）的投影特点和组合体的画图步骤和方法熟练掌握，那么由投影图即可想象出所表达的物体形状。

任务要点

1. 熟练运用形体分析法和面形分析法识读组合体视图。
2. 掌握补视图、补缺线的基本方法。
3. 灵活运用所学知识读图，提高学生的空间想象能力和分析能力。

 学习内容

一、读图的基本要领

1. 几个视图联系起来读图

一个组合体通常需要几个视图才能表达清楚，一个视图不能确定物体形状。如图 4-20 所示的三组视图，他们的主视图都相同，但由于俯视图不同，表示的实际是不同的物体。

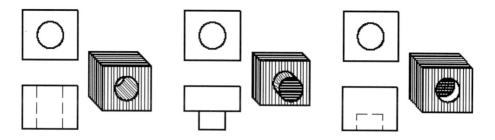

⬥ 图4-20　一个视图不能唯一确定物体形状的示例

所以，只有把俯视图与主视图联系起来识读，才能判断他们的形状。又如图 4-21 所示的三组图形，他们的主、俯视图均相同，但同样是三种不同形状的物体。

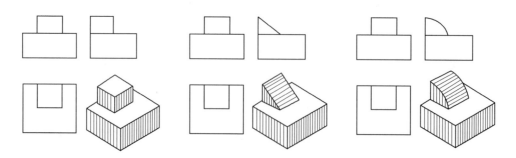

⬥ 图4-21　两个视图不能唯一确定物体形状的示例

由此可见，读图时必须将给出的全部视图联系起来分析，才能想象出物体的形状。

2. 理解视图中线框和图线的含义

视图是由图线和线框组成的，弄清视图中线框和图线的含义对读图有很大帮助。（注意举例讲解，图例均在图 4-22 中选取）

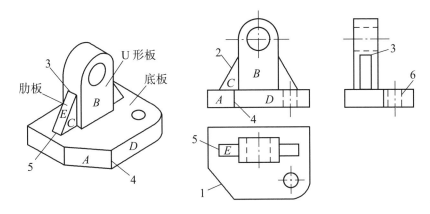

● 图 4-22　视图中线框和图线的含义

（1）视图中的每个封闭线框可以是物体上一个表面（平面、曲面或它们相切形成的组合面）的投影，也可以是一个孔的投影。如图 4-22 所示，主视图上的线框 A、B、C 是平面的投影，线框 D 是平面与圆柱面相切形成的组合面的投影，主、俯视图中大、小两个圆线框分别是大小两个孔的投影。

（2）视图中的每一条图线可以是面的积聚性投影，如图 4-22 中直线 1 和 2 分别是 A 面和 E 面的积聚性投影；也可以是两个面的交线的投影，如图中直线 3 和 5 分别是肋板斜面 E 与拱形柱体左侧面和底板上表面的交线，直线 4 是 A 面和 D 面交线；还可以是曲面的转向轮廓线的投影，如左视图中直线 6 是小圆孔圆柱面的转向轮廓线（此时不可见，画虚线）。

（3）视图中相邻的两个封闭线框，表示位置不同的两个面的投影。如图 4-22 中 B、C、D 三个线框两两相邻，从俯视图中可以看出，B、C 以及 D 的平面部分互相平行，且 D 在最前，B 居中，C 最靠后。

（4）大线框内包括的小线框，一般表示在大立体上凸出或凹下的小立体的投影。如图 4-27 中俯视图上的小圆线框表示凹下的孔的投影，线框 E 表示凸起的肋板的投影。

3. 善于构思物体的形状

如图 4-23 所示，已知某一物体三个视图的外轮廓，要求通过构思想象出这个物体的形状。

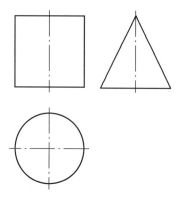

⬥ 图4-23　三视图的外轮廓

构思过程如图 4-24 所示。

（1）主视图为正方形的物体，可以想象出长方体、圆柱体等，如图 4-24（a）所示。

（2）主视图为正方形、俯视图为圆形的物体必定是圆柱体，如图 4-24（b）所示。

（3）左视图为三角形，只能由对称圆轴线的两相交侧垂面切出，而且侧垂面要沿着圆柱顶面直径切下（保证主视图高度不变），并与圆柱底面交于一点（保证俯视图和左视图不变），结果如图 4-24（c）所示。

（4）图 4-24（d）所示为物体的实际形状。必须注意，主视图上应添加前、后两个半椭圆重合的投影，俯视图上应添加两个截面交线的投影。

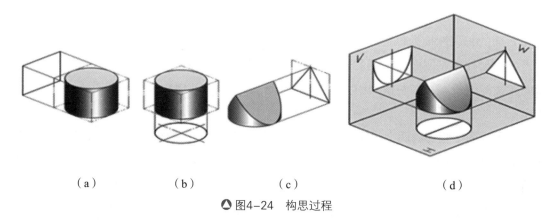

（a）　　　　　（b）　　　　　（c）　　　　　　　（d）

⬥ 图4-24　构思过程

二、读图的基本方法

读图和画图的主要分析方法有"形体分析法"和"面形分析法"两种，以"形体分析法"为主，"面形分析法"为辅来培养学生的空间想象能力。概括为：认识视图抓特征，分析投影想形体，面形分析攻难点，综合起来想整体。

1. 形体分析法

形体分析法是在反映形状特征比较明显的视图上按线框将组合体划分为几个部分，然后通过投影关系，找到各线框在其他视图中的投影，从而分析各部分的形状及它们之间的相互位置，最后综合起来，想象组合体的整体形状。归纳起来就是：分线框，对投影（由于主视图上具有的特征部位一般较多，故通常先从主视图开始进行分析）；想形体，定位置；综合起来想整体。

一般的读图顺序是：先看主要部分，后看次要部分；先看容易确定的部分，后看难以确定的部分；先看某一组成部分的整体形状，后看其细节部分形状。

例4-3　读图4-25（a）所示三视图，想象出它所表示的物体的形状。

（1）分离出特征明显的线框　三个视图都可以看作是由三个线框组成的，因此可大致将该物体分为三个部分。其中主视图中Ⅰ、Ⅲ两个线框特征明显，俯视图中线框Ⅱ的特征明显。如图4-25（a）所示。

（2）逐个想象各形体形状　根据投影规律，依次找出Ⅰ、Ⅱ、Ⅲ三个线框在其他两个视图的对应投影，并想象出他们的形状。如图4-25（b）、（c）、（d）所示。

（3）综合想象整体形状　确定各形体的相互位置，初步想象物体的整体形状，如图4-25（e）、（f）所示。然后把想象的组合体与三视图进行对照、检查，如根据主视图中的圆线框及它在其他两视图中的投影想象出通孔的形状，最后想象出的物体形状如图4-25（g）所示。

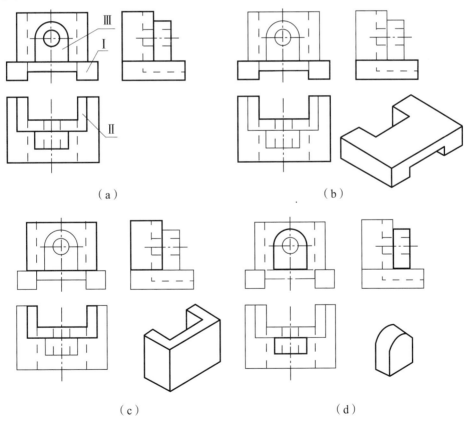

（a）　　　　　　　　　　　　　　　（b）

（c）　　　　　　　　　　　　　　　（d）

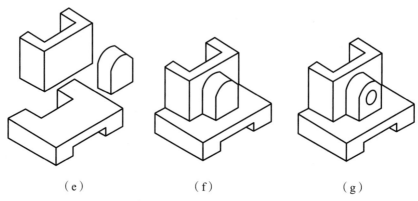

| （e） | （f） | （g） |

⬥ 图4-25　用形体分析法读图

2. 线面分析法

在读图过程中，遇到物体形状不规则，或物体被多个面切割，物体的视图往往难以读懂，此时可以在形体分析的基础上进行线面分析。

线面分析法读图，就是运用投影规律，通过对物体表面的线、面等几何要素进行分析，确定物体的表面形状、面与面之间的位置及表面交线，从而想象出物体的整体形状。此法用于切割类组合体较为有效。

例4-4　读图4-26（a）所示三视图，想象出它所表示的物体的形状。

读图步骤：

（1）初步判断主体形状　物体被多个平面切割，但从三个视图的最大线框来看，基本都是矩形，据此可判断该物体的主体应是长方体。

（2）确定切割面的形状和位置　图4-26（b）是分析图，从左视图中可明显看出该物体有 a、b 两个缺口，其中缺口 a 是由两个相交的侧垂面切割而成，缺口 b 是由一个正平面和一个水平面切割而成。还可以看出主视图中线框 $1'$、俯视图中线框 1 和左视图中线框 $1''$ 有投影对应关系，据此可分析出它们是一个一般位置平面的投影。主视图中线段 $2'$、俯视图中线框 2 和左视图中线段 $2''$ 有投影对应关系，可分析出它们是一个水平面的投影，并且可看出Ⅰ、Ⅱ两个平面相交。

（3）逐个想象各切割处的形状　可以暂时忽略次要形状，先看主要形状。比如看图时可先将两个缺口在三个视图中的投影忽略，如图4-26（c）所示。此时物体可认为是由一个长方体被Ⅰ、Ⅱ两个平面切割而成，可想象出此时物体的形状，如图4-26（c）的立体图所示。然后再依次想象缺口 a、b 处的形状，分别如图4-26（d）、（e）所示。

（4）想象整体形状　综合归纳各截切面的形状和空间位置，想象物体的整体形状，如图4-26（f）所示。

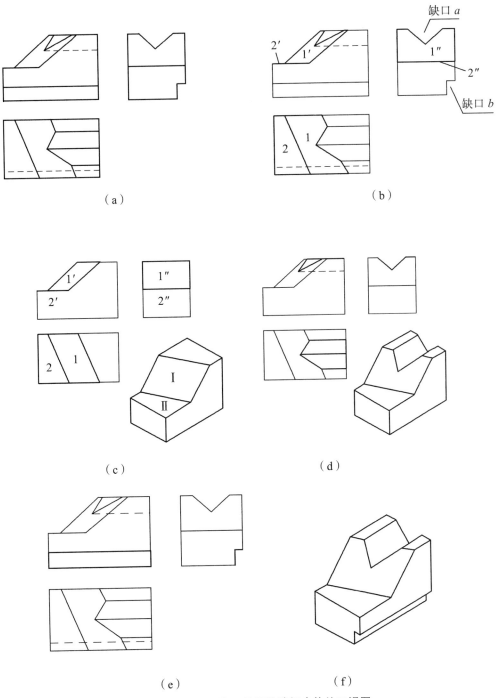

缺口 a

2′ 1′

1″

2″

缺口 b

2 1

（a）

（b）

1′

2′

1″

2″

2 1

I

II

（c）

（d）

（e）

（f）

▲图4-26 用线面分析法读组合体的三视图

拓展提高

组合体的三视图的读图步骤概括为四个字:**"分""对""想""合"**。

"分"是指将组合体的三视图分解为若干个线框。如果是大框接小框,则组合体为叠加类;如果是大框包括小框,则组合体为切割类。

"对"是指把已分好的线框,按三视图的投影关系,用三角板、分规等工具逐个找出各线框在各视图中**"长对正""高平齐""宽相等"**的投影关系,然后进行分析。

"想"是指通过投影分析,想象出各个线框所对应的基本体的形状。

"合"是指把各线框所代表的基本体按照它们的相对位置关系进行组合(包括叠加和切割),并注意它们之间的表面连接形式,进而想象出整体形状。

单元五
轴测图的绘制

 **单元概述**

多面正投影图能完整、准确地反映物体的形状和大小，且度量性好、作图简单，但立体感不强，只有具备一定读图能力的人才能看懂。

有时工程上还需采用一种立体感较强的图来表达物体，即轴测图。轴测图是用轴测投影的方法画出来的富有立体感的图形，它接近人们的视觉习惯，但不能确切地反映物体真实的形状和大小，并且作图较正投影复杂，因而在生产中它作为辅助图样，用来帮助人们读懂正投影图。

本单元我们将学习轴测图投影原理及常用轴测图的绘制方法。

 **轴测图概述**

 **任务概述**

在制图教学中，轴测图也是发展空间构思能力的手段之一，通过画轴测图可以帮助想象物体的形状，培养空间想象能力。

本任务介绍轴测图的形成和分类，轴测图投影的基本性质。为下一任务轴测图的画法打下了坚实的基础。

任务要点

1. 了解轴测图的分类。
2. 熟悉轴测图的定义及形成。
3. 掌握轴测投影的基本性质。

 学习内容

一、轴测图的形成

将空间物体连同确定其位置的直角坐标系，沿不平行于任一坐标平面的方向，用平行投影法投射在某一选定的单一投影面上所得到的具有立体感的图形，称为轴测投影图，简称轴测图，如图 5-1 所示。

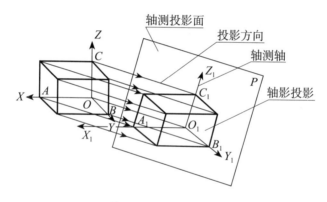

● 图5-1 轴测图的形成

在轴测投影中，我们把选定的投影面 P 称为轴测投影面；把空间直角坐标轴 OX、OY、OZ 在轴测投影面上的投影 O_1X_1、O_1Y_1、O_1Z_1 称为轴测轴；把两轴测轴之间的夹角 $\angle X_1O_1Y_1$、$\angle Y_1O_1Z_1$、$\angle X_1O_1Z_1$ 称为轴间角；轴测轴上的单位长度与空间直角坐标轴上对应单位长度的比值，称为轴向伸缩系数。OX、OY、OZ 的轴向伸缩系数分别用 p_1、q_1、r_1 表示。例如，在图 5-1 中，$p_1 = O_1A_1 / OA$，$q_1 = O_1B_1 / OB$，$r_1 = O_1C_1 / OC$。

注意：轴间角与轴向伸缩系数是绘制轴测图的两个主要参数。

二、轴测图的分类

1. 按照投影方向与轴测投影面的夹角不同分

（1）正轴测图——轴测投影方向（投影线）与轴测投影面垂直时投影所得到的轴测图。

（2）斜轴测图——轴测投影方向（投影线）与轴测投影面倾斜时投影所得到的轴测图。

2. 按照轴向伸缩系数的不同分

（1）正（或斜）等测轴测图——$p_1 = Q_1 = r_1$，简称正（斜）等测图。

（2）正（或斜）二等测轴测图——$p_1 = r_1 \neq Q_1$，简称正（斜）二测图。

（3）正（或斜）三等测轴测图——$p_1 \neq Q_1 \neq r_1$，简称正（斜）三测图。

表5-1 所列为常用轴测图的分类。在 GB/T 4458.3—1984 和 GB/T 14692—2008 中推荐了三种轴测图——正等测、正二测和斜二测。

由于正二测作图比较烦琐，本单元只介绍工程上常用的正等测图和斜二测图的画法。

表5-1　常用轴测图的分类（GB/T 14692—2008）

特性		正轴测投影			斜轴测投影		
		投影线与轴测投影面垂直			投影线与轴测投影面倾斜		
轴测类型		等测投影	二测投影	三测投影	等测投影	二测投影	三测投影
简称		正等测	正二测	正三测	斜等测	斜二测	斜三测
应用举例	伸缩系数	$p_1 = q_1 = r_1 = 0.82$	$p_1 = r_1 = 0.94$ $q_1 = \dfrac{p_1}{2} = 0.47$	视具体要求选用	视具体要求选用	无	视具体要求选用
	简化系数	$p = q = r = 1$	$p = r = 1$ $q = 0.5$				
	轴间角	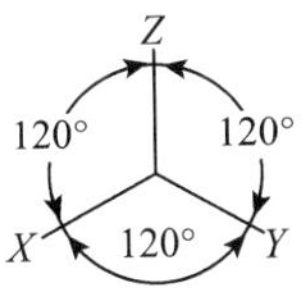	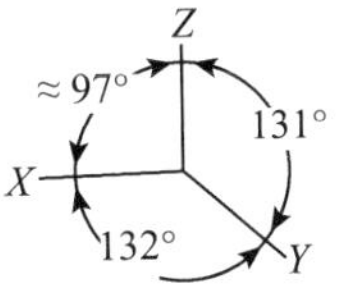			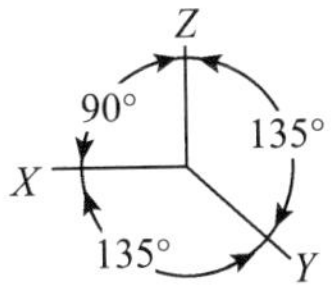	
	例图	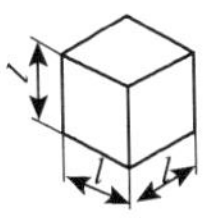	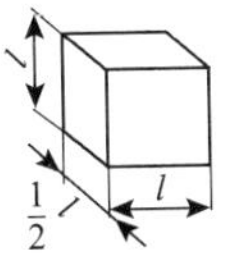			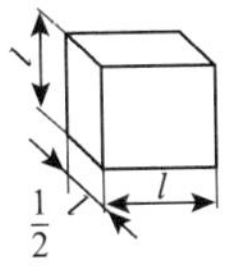	

拓展提高

轴测图的基本性质：

1. 平行性

物体上互相平行的线段，在轴测图中仍互相平行；物体上平行于坐标轴的线段，在轴测图中仍平行于相应的轴测轴，且同一轴向所有线段的轴向伸缩系数相同。

2. 度量性

（1）物体上不平行于坐标轴的线段，可以用坐标法确定其两个端点然后连线画出。

（2）物体上不平行于轴测投影面的平面图形，在轴测图中变成原形的类似形。如长方形的轴测投影为平行四边形，圆形的轴测投影为椭圆等。

任务二 绘制正等轴测图

任务概述

本任务介绍了正等测图的轴间角和轴向伸缩系数，正等测图的画法。重点讲解了四种常见图形的正等测图的作图方法及步骤，为下一步绘制复杂图形的正等测绘图打下基础。

任务要点

1. 了解轴间角和轴向伸缩系数。
2. 掌握正轴测图的画法。
3. 熟练绘制正六棱柱、圆柱、圆角、半圆头板的正等测图。

学习内容

一、轴间角和轴向伸缩系数

使直角坐标系的三坐标轴 OX、OY 和 OZ 对轴测投影面的倾角相等，并用正投影法将物体向轴测投影面投射，所得到的图形称为正等轴测图，简称正等测如图 5-2（a）所示。

正：采用正投影方法。

等测：三个轴测轴的轴向伸缩系数相同，即 $P = Q = r$，如图 5-2（b）所示。由于正等测图绘制方便，因此在实际工作中应用较多。如我们使用的教材中的许多立体图都采用的是正等测画法。

1. 轴间角

由于直角坐标系的三个坐标轴对轴测投影面的倾角相等，根据理论分析，三轴测轴的夹角均为 120°，且三个轴向伸缩系数相等。

2. 轴向伸缩系数

理论可以证明正等测三个坐标轴的轴向伸缩系数都是 0.82。如按此系数作图，就意味着在画正等测图时，物体上凡是与坐标轴平行的线段都应将其实长乘以 0.82。为方便作图，通常采用简化的系数，即用 1 代替 0.82。与用 0.82 画出的图形相比，用简化系数画出的正等测图放大了 1.22 倍，但两者的立体效果是一样的。

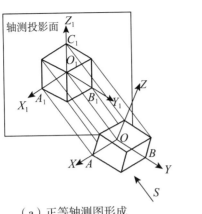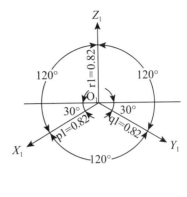

（a）正等轴测图形成　　　　　　（b）正等轴测图轴测轴和轴间角的画法

◆图5-2　正等轴测图

注意：正是由于正等测图的轴间角为特殊角，并采用了简化的轴向伸缩系数，因此，与其他轴测图相比，正等测的作图比较方便。

三、平面立体的正等轴测图画法

1. 轴测图的画法

（1）坐标法。

（2）切割法。

（3）形体组合法。

2. 用坐标法画正等轴测图的基本步骤

（1）画坐标原点和轴测轴。

（2）按立体表面上各顶点的坐标做出各顶点的轴测投影。

（3）按顺序连接各点的轴测投影，整理图线，即得轴测图。

3. 正等轴测图画法示例

例 5-1　画正六棱柱的正等轴测图（表 5-2）

分析：由于正六棱柱前后、左右对称，为了减少不必要的作图线，从顶面开始作图比较方便，故选择顶面的中点作为空间直角坐标系原点，棱柱的轴线作为 OZ 轴，顶面的两条对称线作为 OX、OY 轴。然后用各顶点的坐标分别定出正六棱柱的各个顶点的轴测投影，依次连接各顶点即可。

表5-2 正六棱柱的正等轴测图

（1）已知条件	（2）作轴测轴上的点	（3）求正六边形的顶点

（4）连接正六边形的顶点，作棱线	（5）作底边	（6）检查图线，描深可见轮廓线，完成正六棱柱的轴测图

三、回转体的正等轴测图画法

1. 平行于不同坐标面的圆的正等轴测图

平行于坐标面的圆的正等测图都是椭圆，除了长、短轴的方向不同外，画法都是一样的。图5-3所示为三种不同位置的圆的正等测图。

作圆的正等测图时，必须弄清椭圆的长、短轴的方向。分析图5-3所示的图形（图中的菱形为与圆外切的正方形的轴测投影）即可看出，椭圆长轴的方向与菱形的长对角线重合，椭圆短轴的方向垂直于椭圆的长轴，即与菱形的短对角线重合。

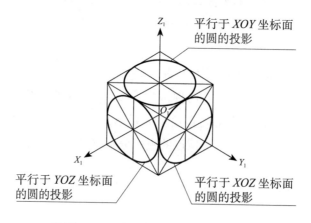

▲ 图5-3 平行坐标面上圆的正等测图

通过分析还可以看出，椭圆的长、短轴和轴测轴有关，即：

（1）圆所在平面平行于 XOY 面时，它的轴测投影——椭圆的长轴垂直 O_1Z_1 轴，即成水平位置，短轴平行 O_1Z_1 轴；

（2）圆所在平面平行于 XOZ 面时，它的轴测投影——椭圆的长轴垂直 O_1Y_1 轴，即向右方倾斜，并与水平线成 60° 角，短轴平行 O_1Y_1 轴；

（3）圆所在平面平行于 YOZ 面时，它的轴测投影——椭圆的长轴垂直 O_1X_1 轴，即向左方倾斜，并与水平线成 60° 角，短轴平行 O_1X_1 轴。

概括起来就是：平行坐标面的圆（视图上的圆）的正等测投影是椭圆，椭圆长轴垂直于不包括圆所在坐标面的那根轴测轴，椭圆短轴平行于该轴测轴。

2. 用"四心法"作圆的正等测图

"四心法"画椭圆就是用四段圆弧代替椭圆。下面以平行于 H 面（即 XOY 坐标面）的圆（图 5-3）为例，说明圆的正等测图的画法。其作图方法与步骤如图 5-4 所示。

（1）画出轴测轴，按圆的外切的正方形画出菱形，如图 5-4（a）所示。

（2）以 A、B 为圆心，AC 为半径画两大弧，如图 5-4（b）所示。

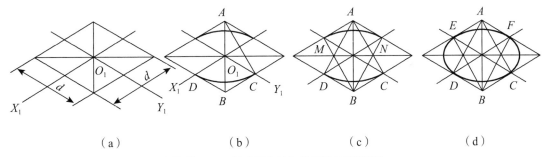

|（a）|（b）|（c）|（d）|

◢图5-4　用"四心法"作圆的正等测图

（3）连 AC 和 AD 分别交长轴于 M、N 两点。如图 5-4（c）所示。

（4）以 M、N 为圆心，MD 为半径画两小弧；在 C、D、E、F 处与大弧连接，如图 5-4（d）所示。

例 5-2　圆柱的正轴测图的画法

分析：

如图 5-5 所示，直立正圆柱的轴线垂直于水平面，上、下底为两个与水平面平行且大小相同的圆，在轴测图中均为椭圆。可按圆柱的直径 ϕ 和高度 H 做出两个形状和大小相同、中心距为 h 的椭圆，再作两椭圆的公切线。

作图步骤：

（1）在视图上定出坐标轴，俯视图上作圆的外切正方形，如图 5-5（a）所示。

（2）画轴测轴，作上底圆的外切正方形的轴测图，如图 5-5（b）所示。

（3）用四心法画出上表面的轴测投影——椭圆。将椭圆圆心向下沿Z轴量取H，用相同的方法画出底圆的轴测图，如图5-5（c）所示。

（4）作上、下两椭圆的公切线，描深，完成圆柱轴测图，如图5-5（d）所示。

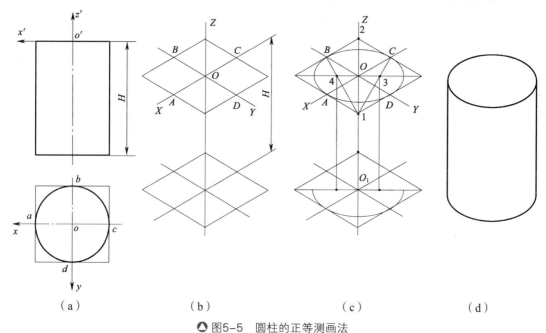

（a） （b） （c） （d）

🔺 图5-5 圆柱的正等测画法

例5-3 圆角的正轴测图的画法

分析：

平行于坐标面的圆角是圆的一部分，图5-6所示为常见的1/4圆角，其正等测恰好是上述近似椭圆的四段圆弧中的一段。

作图步骤：

（1）做出长方体的正等轴测图，在其上表面上截取 Ⅰ 、Ⅱ 、Ⅲ 、Ⅳ 四个切点，如图5-6（a）所示。

（2）过切点 Ⅰ 、Ⅱ 作相应棱线的垂线，得交点 O_1 为圆弧 R 的圆心。过切点Ⅲ 、Ⅳ 作相应棱线的垂线，得交点 O_2 为圆弧 R 的圆心，如图5-6（b）所示。

（3）分别以 O_1 、O_2 为圆心，R 为半径画弧，将 O_1 、O_2 及四个切点沿 Z 方向下移 h，以 R 为半径画弧。在右端作上、下两圆弧的公切线，如图5-6（c）所示。

（4）描深，完成圆角轴测图，如图5-6（d）所示。

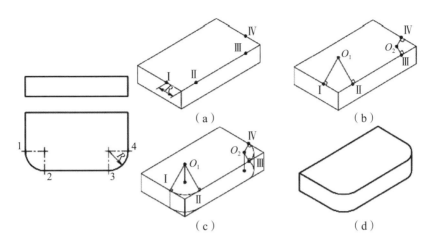

● 图5-6　圆角的正轴测图的画法

拓展提高

半圆头板

分析：

根据图 5-7（a）给出的尺寸先做出包括半圆头的长方体，再以包含 X、Z 轴的一对共轭轴做出半圆头和圆孔的轴测图。

作图步骤：

（1）画出长方体的轴测图，并标出切点 1、2、3，如图 5-7（b）所示。

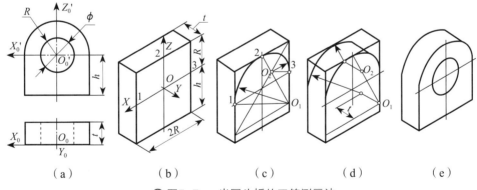

（a）　　　　（b）　　　　（c）　　　　（d）　　　　（e）

● 图5-7　半圆头板的正等测画法

（2）过切点 1、2、3 作相应棱边的垂线，得交点 O_1、O_2。以 O_1 为圆心、O_{12} 为半径作圆弧 "$\overset{\frown}{12}$"；以 O_2 为圆心，O_{23} 为半径作圆弧 "$\overset{\frown}{23}$"，如图 5-7（C）所示。将 O_1、O_2 和 1、2、3 各点向后平移板厚 t，作相应的圆弧，再作小圆弧公切线，如图 5-7（d）所示。

（3）作圆孔椭圆，后壁椭圆只画出可见部分的一段圆弧，擦去多余的作图线并描深，如图 5-7（e）所示。

任务三 绘制斜二轴测图

任务概述

将物体与轴测投影面放置成特殊位置，采用平行斜投影方法得到的轴测图为斜二轴测图。由于斜二轴测图作图方便，因此也是人们较为常用的一种轴测图。

斜：采用平行斜投影方法。

二测：三轴测轴的轴向伸缩系数中有两个相等，即 $P = r \neq Q$。

本任务主要介绍斜二轴测图作图方法。

任务要点

1. 理解斜二测图的形成和参数。
2. 掌握简单体的斜二轴测图作图方法。

学习内容

一、斜二轴测图的形成和参数

如图 5-8（a）所示，如果使物体的 XOZ 坐标面对轴测投影面处于平行的位置，采用平行斜投影法也能得到具有立体感的轴测图，这样所得到的轴测投影就是斜二等测轴测图，简称斜二测图。

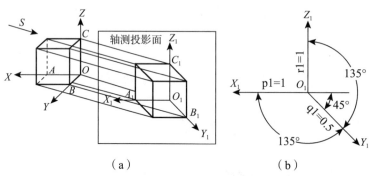

（a）　　　　　　　　（b）

⚠ 图5-8　斜二测图的形成和参数

1. 轴间角

由于 XOZ 坐标面平行于轴测投影面，故 X_1 和 Z_1 轴夹角为 $90°$。为方便作图，一般使 Y_1 轴与 X_1、Z_1 轴成 $135°$。如图 5-8（b）所示。

2. 轴向伸缩系数

因 X_1 轴、Z_1 轴与轴测投影面平行，所以两轴的轴向伸缩系数均为 1。Y_1 轴的轴向伸缩系数取为 0.5。即在画斜二测图时，物体上与 Y 轴平行的线段都应缩短一半。

斜二测图的特点：

物体上与 V 面平行的面其斜二测图反映实形。正是由于斜二测的轴间角、轴向伸缩系数也为特殊情况，因此作图比较方便。

二、斜二测画法

斜二测图的画法与正等测图的画法基本相似，区别在于轴间角不同以及斜二测图沿 O_1Y_1 轴的尺寸只取实长的一半。在斜二测图中，物体上平行于 XOZ 坐标面的直线和平面图形均反映实长和实形，所以，当物体上有较多的圆或曲线平行于 XOZ 坐标面时，采用斜二测图比较方便。

1. 带圆孔的六棱柱

分析：

图 5-9（a）所示为带圆孔六棱柱，其前（后）端面平行于正面，确定直角坐标系时，使坐标轴 O_0Y_0 与圆孔轴线重合，坐标面 $X_0O_0Z_0$ 与正面平行，选择正平面作为轴测投影面。这样物体上的正六边形和圆的轴测投影均为实形，作图方便。

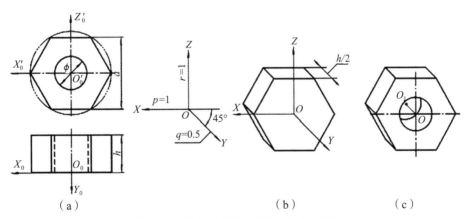

△ 图5-9　带圆孔的六棱柱的斜二测画法

作图：

（1）定出直角坐标轴并画出轴测轴，如图 5-9（a）所示。

（2）画出前端面正六边形，由六边形各定点沿着 Y 轴方向向后平移 $h/2$，画出后端面正六边形，如图 5-9（b）所示。

（3）根据圆孔直径 ϕ 在前端面上作圆，由点 O 沿 Y 轴方向向后平移 $h/2$ 得 O_1，做出后端面圆的可见部分，如图 5-9（c）所示。

2. 圆台

分析：

图 5-10（a）所示为一个具有同轴圆柱孔的圆台，圆台的前、后端面及孔口都是圆。因此，将前、后端面平行于正面放置，作图方便。

作图：

（1）作轴测轴，在 Y_0 轴上量取 $l/2$，定出前端面的圆心 A，如图 5-10（b）所示。

（2）画出前、后端面圆的轴测图，如图 5-10（c）所示。

（3）作两端面圆的公切线及前孔口和后孔口的可见部分，擦去多余的作图线并描深，如图 5-10（d）所示。

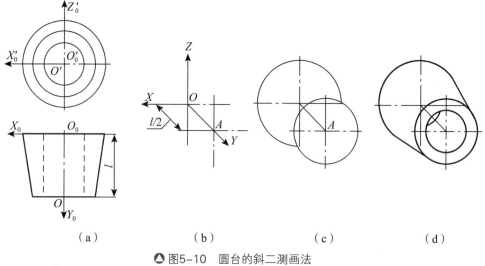

（a）　　　　（b）　　　　（c）　　　　（d）

⬥ 图5-10　圆台的斜二测画法

 拓展提高 •••

画斜二测图时需要注意以下几点：

1. Y 轴的轴向伸缩系数 $Q = 0.5$，因此宽度方向的尺寸要缩短一半。

2. 平行于 XOZ 坐标面的各平面一般从前往后依次画出，不可见的图线不画。

3. 常将圆心沿轴线方向后移，来画圆柱的后底面。

单元六
机件的基本表达方法

 **单元概述**

在前面已经介绍了用主视、俯视、左视三个视图表达物体的方法，但在工程实际中，机件的形状是多种多样的，有些机件的内、外形状都比较复杂，不能都用三视图来表达。为此，国家《技术制图》与《机械制图》标准中规定了视图、剖视图、断面图以及其他基本表达方法。

本单元主要介绍机件的这些基本表达方法及应用。

 **任务一　视图**

 任务概述

根据标准规定，用正投影法绘制出的物体的图形，称为视图。视图主要用于表达机件的外部结构形状，对机件中不可见的结构形状在必要时采用细虚线画出。

本任务我们将学习视图的分类和画法。

任务要点

1. 了解视图的分类。
2. 掌握基本视图、向视图、局部视图、斜视图的画法规定。

3.灵活使用视图方法来表达机件的形状。

学习内容

视图的主要作用是用来表达机件的外部结构形状，分为基本视图、向视图、局部视图、斜视图四种类型。

一、基本视图

1.基本视图的形成

用正投影法将机件向基本投影面投射所得的图形称为基本视图。

由于机件的形状是多样的，仅仅使用主、俯、左三个视图往往不能完全表达出清晰的机件形状。对于较复杂的机件，为了清晰地表达其形状，在三投影面的基础上再增加三个投影面，即用正六面体的六个面作为基本投影面，将机件放在其中，分别向六个基本投影面投影，便得到六个基本视图，如图6-1所示。

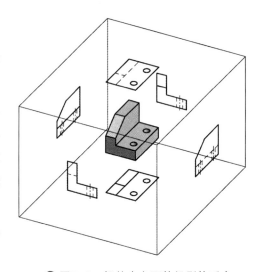

⬤ 图6-1 机件在六面体投影体系中

将六面体的正面保持不动，其他投影面按照规定的方向依次展开，使他们与正面共处在同一平面，便得到了六个基本视图，这六个基本视图分别是：主视图、俯视图、左视图、右视图、后视图和仰视图，如图6-2所示。

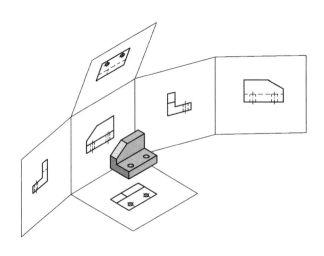

⬤ 图6-2 基本视图的展开

六个基本视图有着严格的方位关系，在同一张图样内按图 6-3 配置时，各视图一律不标图名。六个基本视图依然保持"长对正""高平齐""宽相等"的关系。仰视图和俯视图反映了机件的长与宽，右视图和左视图反映了机件的高与宽，主视图和后视图反映了机件的长与高，即：主、俯、仰、后视图长对正；主、左、右、后视图高平齐；俯、左、仰、右视图宽相等。

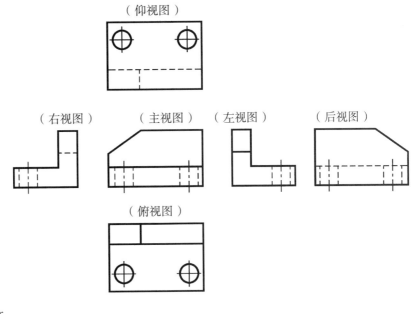

（仰视图）

（右视图）　（主视图）　（左视图）　（后视图）

（俯视图）

⚠ 图6-3　六个基本视图的配置

2. 基本视图的绘制

在画图时，无须将六个视图都画出来，要根据机件的结构特点，选用合适数量的视图，一般优先选用主视图、俯视图和左视图。主视图被确定之后，其他基本视图与主视图的配置关系也随之确定，可不标注视图名称。

二、向视图

基本视图若不按展开后的位置配置则称为向视图。向视图是一种可以自由配置的视图，在其上方用字母或数字标出视图名称，比如"X"（X 为大写拉丁字母或阿拉伯数字，如"A"），用同一个字母并配上箭头，在相应视图附近指出投影方向，如图 6-4 所示的"A""B""C"向视图。

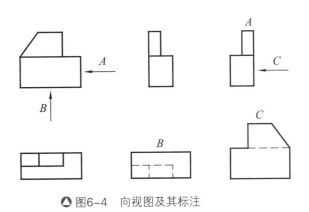

⚠ 图6-4　向视图及其标注

三、局部视图

1. 局部视图的概念

将机件的某一部分向基本投影面投射所得的视图，称为局部视图。当采用一定数量的基本视图表达机件后，机件上仍有尚未表达清楚的局部结构，可采用局部视图。

图 6-5 所示是一个管状工件，采用主视图和俯视图，已把主体结构表示清楚，但左、右端的结构特征形状尚未表示，假若再画左、右视图，则主体形状重复表示。这时，可仅画表示两个凸缘端面形状的局部视图。这种画法清晰明了地表达了尚未表达清楚的局部结构。

局部视图可认为是不完整的基本视图，采用它可以减少基本视图的数量，补充基本视图没有表达清楚的部分。

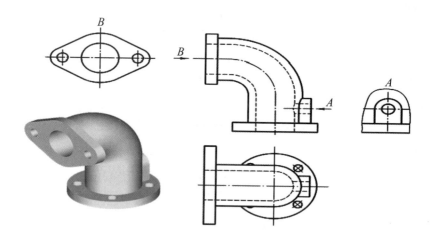

⬥ 图6-5　局部视图

2. 局部视图的画法与标注

局部视图也可按向视图的配置形式配置并标注，即在局部视图上方用大写的拉丁字母标出视图的名称"X"，并在相应的视图附近用箭头指明投影方向，注上相同的字母。局部视图可按基本视图的配置形式配置，这时不需要标注。

局部视图仅画出需要表达机件的局部结构，机件的其余部分不必画出，并用细波浪线表示其断裂边界。如果所表达的结构完整，图形的外轮廓线封闭，可省略波浪线，如图6-6所示。

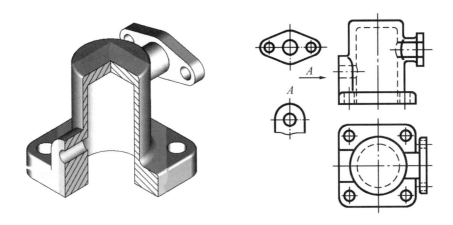

图6-6　局部视图的标注

3.局部视图的简化画法

　　为了节省绘图时间和图幅，对称物体或零件的视图可只画一半或四分之一，并在对称中心线的两端画出两条与其垂直的平行细实线，如图 6-7 所示。

图6-7　局部视图的简化

四、斜视图

　　将机件向不平行于任何基本投影面的平面投射所得的视图，称为斜视图。斜视图适合于表达机件上的斜表面的实形。

　　图 6-8 所示是一个弯板形机件，它的倾斜部分在俯视图和左视图上的投影都不是实形。此时就可以另外加一个平行于该倾斜部分的投影面，在该投影面上则可以画出倾斜部分的实形投影，如图中的"A"向所示。画出倾斜结构的实形后，机件的其余部分不必画出，此时可在适当位置用波浪线或双折线断开即可。如果斜视图上所表达的结构是完整的且外形轮廓成封闭线框，则波浪线可省略。

　　斜视图的标注方法与局部视图相似，并且应尽可能配置在与基本视图直接保持投影联系的位置，也可以平移到图纸内的适当地方。为了画图方便，也可以旋转，但必须在斜视图上方注明旋转标记，如图 6-8 所示。

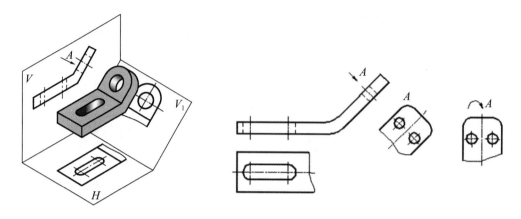

⬢ 图6-8 弯板斜视图

 拓展提高 ••••••••••••••••••••••••••••••••••

牢记六个基本视图之间的方位关系，如图 6-9 所示。

1. 靠近主视图的视图方位均为后方。

2. 后视图与主视图为相反的左右方位。

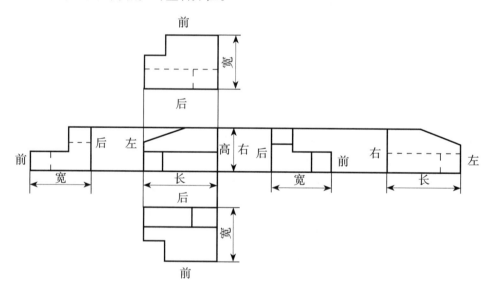

⬢ 图6-9 基本视图之间的方位关系

任务二　剖视图

任务概述

　　视图主要用来表达机件的外部形状。图 6-10 所示支座的内部结构比较复杂，用视图表达，则视图上虚线过多，给读图和标注尺寸增加了困难，为了清晰地表达物体内部形状，国家标准规定采用剖视图来表达。

　　本任务我们将学习剖视图的种类、绘制方法及标注。

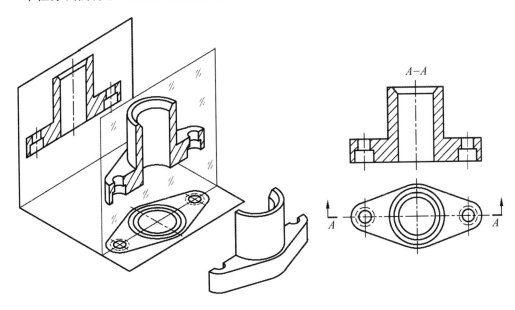

△ 图6-10　剖视图的形成

任务要点

　　1. 了解剖视图的分类方法。

　　2. 掌握各类剖视图的绘制方法。

　　3. 熟练使用剖视图来表达机件的内部形状。

![学习内容]

一、剖视图概述

1. 剖视图的形成

假想用剖切平面剖开机件，将处在观察者和剖切平面之间的部分移去，而将其余部分向投影面投影所得的图形，称为剖视图，简称剖视。剖视图的形成过程如图6-10所示，图中支座的主视图即为剖视图。

剖视图将机件剖开，使得内部原本不可见的孔、槽可见了，虚线变成了实线。为了清晰地表达机件的内部结构，常采用剖视的画法。

2. 剖面符号

机件被假想剖切以后，在剖视图中，剖切面与机件接触部分称为剖面区域。为了使剖面区域与其他面区别开，在剖切面与机件接触的断面处画上剖面符号。

根据国家标准的规定：不同材料要用不同的剖面符号，在焊接图当中最为常见的是金属材料的剖面符号，它应画成与水平线成45°且互相平行、间隔均匀的细实线。同一机械图样中的同一零件的剖面线应方向相同、间隔相等，如图6-11所示。

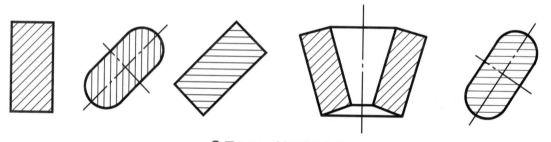

▲图6-11　剖面线的方向

二、剖视图的绘制方法与注意事项

1. 剖视图的绘制方法

（1）剖切面及剖切位置的确定　选择最合适的剖切位置，以便充分表达机件的内部结构形状，剖切面一般应通过机件上孔的轴线、槽的对称面等结构，如图6-12所示。

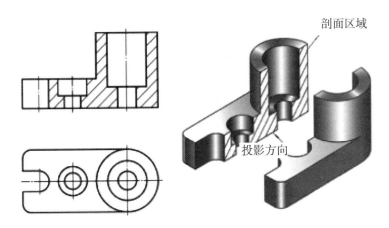

◯ 图6-12　剖切位置的选择

（2）画出剖视图和剖面符号　应把断面及剖切面后方的可见轮廓线用粗实线画出。为了分清机件的实体部分和空心部分，在被剖切到的实体部分上应画剖面符号。

2. 绘制剖视图的注意事项

剖切面是假想的，当假想剖开，取剖视后，其他投影不受影响，仍为完整图形。如图6-12的例子，把主视图画成剖视图以后，俯视图应完整地画出。

将其余部分投影后，所有可见的线均画出，不能遗漏，如图 6-13 所示，应注意剖切后的结构，不要漏线，也不要添线。

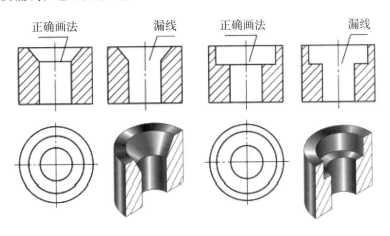

◯ 图6-13　剖视图正确与错误画法

三、剖视图的配置与标注

1. 剖视图的配置

剖视图一般按投影关系配置，也可根据图面布局配置在其他适当的位置。即首先考虑配置在基本视图的方位，再考虑配置在其他适当的位置。

2. 剖视图的标注

剖视图一般应加以标注，表明其与有关视图之间的投影关系，以便于读图。

一般地，应在剖视图上方注出剖视图的名称"×－×"（× 为大写拉丁字母或阿拉伯数字，如"A－A"）。在相应的视图上用粗短的实线来表示剖切面的起、迄和转折位置。用箭头指示投射方向，并注上同样的字母，如"A"，如图 6-14 所示。

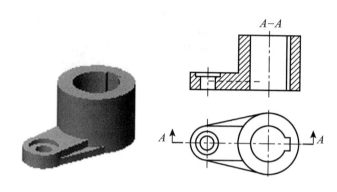

▲图6-14　全剖视图

当剖切面通过物体的对称面或基本对称面，且剖视图按投影关系配置，中间又没有其他图形隔开时，可以省略标注，如图 6-12 中的主视图，其全剖视图省略了标注。

四、剖视图的种类

剖视图可分为全剖视图、半剖视图和局部剖视图三种。

1. 全剖视图

用剖切面完全地剖开机件所得的剖视图称为全剖视图。外形较为简单，内部结构较为复杂的物体可以采用全剖视。

2. 半剖视图

当物体具有对称平面时，向垂直于对称平面的投影面投射所得的图形，以对称中心线为界，一半画成剖视图，另一半画成视图，这样得到的视图称为半剖视图。对称或基本对称的物体可以采用半剖视，如图 6-15 所示。

在绘制半剖视图时，应注意以下几点：

（1）剖视图与视图应以对称中心线（细点画线）作为分界，切不可用粗实线作分界线。

（2）在半个剖视图中已表达清楚的内形在另半个视图中虚线可省略，但应画出孔或槽的中心线。

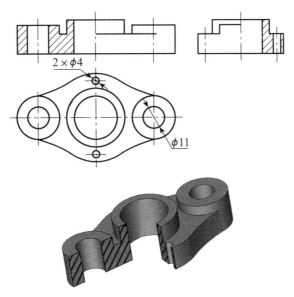

▲图6-15　半剖视图

3.局部剖视图

用剖切面局部地剖开物体，所得的剖视图称为局部剖视图。局部剖视图不受图形是否对称的限制，在哪个部位剖切，剖切面有多大，均可根据实际机件的结构选择。局部剖视图既可以表达内部结构，又可以保留局部外形。

如图 6-16 所示，主视图剖开一部分，以表达内部结构；保留局部外形，以表达凸缘形状及其位置。俯视图局部剖开，以表达凸缘内孔结构。

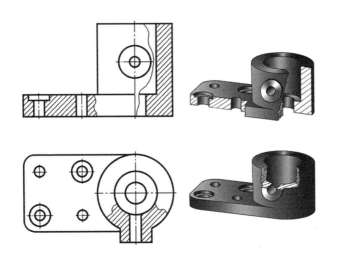

▲图6-16　局部剖视图

绘制局部剖视图时应注意以下几点：

（1）局部剖视图与视图应以波浪线作为分界，波浪线不能与图样上其他图线重合，也不能以轮廓线为分界，如图6-17所示。

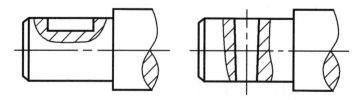

⚠图6-17 局部剖视图的分界

（2）局部剖视标注方法与半剖视相同，剖切位置明显的局部剖视可以不标注。

（3）对称形机件的内形或外形的轮廓线正好与图形对称中心线重合，因而不宜采用半剖视画法时，可进行局部剖视，如图6-18所示。

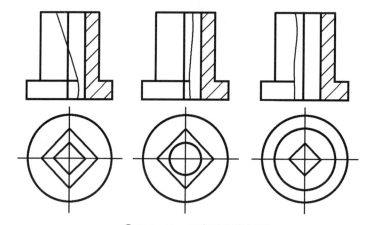

⚠图6-18 不宜采用半剖视

（4）波浪线不应画在可见孔、通槽内或画在轮廓线外，因为这些地方不可能有断裂痕迹，如图6-19（a）所示。局部剖视图也可使用双折线分界，如图6-19（b）所示。

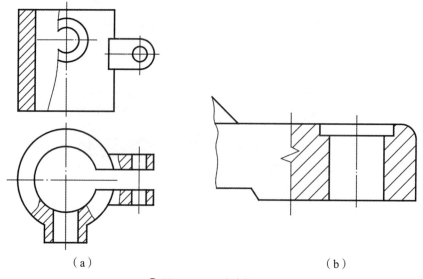

（a）　　　　　　　　　　　　　　　　（b）

⚠图6-19 局部剖视图

五、剖切面种类

1. 单一剖切面

用单一剖切面剖开机件的方法称为单一剖。

一般用一个平行于基本投影面的平面剖切物体，这样的剖视称为单一剖。全剖视、半剖视和局部剖视用的都是单一剖。

用一个不平行于任何基本投影面的剖切平面剖开物体，这种剖切方法称为斜剖，如图6-20所示。

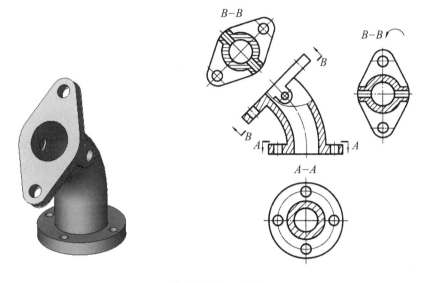

⚠ 图6-20　斜剖

画斜剖视图时，其画法和图样的配置位置与斜视图相同，一般按投影关系配置。在剖切位置标注剖切符号、指示投影方向的箭头及用大写字母表示的名称，如"*B*"，并在剖视图上方注明相同的大写字母"*B—B*"等。

在不致引起误解时，允许将斜剖视图旋转，让主要轮廓或轴线摆正画出，此时在剖视图上方要注明相同的大写字母"*B—B*"，同时标注旋转方向。

2. 几个平行的剖切面

几个平行的剖切平面可能是两个或两个以上，适用于当机件上的孔、槽、空腔等内部结构分布在互相平行的平面上的情况。这种剖切面可以用来剖切表达位于几个平行面上的内部结构，又叫作阶梯剖，如图6-21所示。

用这种剖切面绘制剖视图时，画图时应注意以下几点：

（1）必须进行标注。在剖切平面的起止和转折处画出剖切符号和大写拉丁字母"*X*"，在所画的剖视图的上方中间位置用相应字母写出其名称"*X—X*"。若按基本视图关系配置，则可省略箭头。

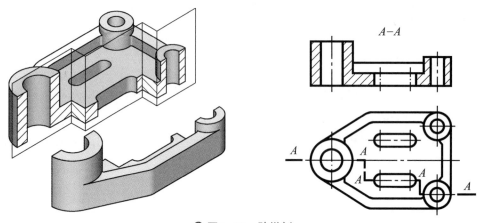

⬥ 图6-21 阶梯剖

（2）在剖视图内不能出现不完整要素，只有将一个内部结构剖切完整后才能转向下一个内部结构。

（3）不应在剖视图中画出各剖切平面的交线。

（4）两剖切平面的转折处不应与图上的轮廓线重合。

（5）当机件上的两个要素在图形上有公共对称中心线或轴线时，应以对称中心线或轴线为界各画一半。

3. 几个相交的剖切面

用几个相交的剖切平面剖开物体的方法称为旋转剖，它可用于表达轮、盘类物体上的孔、槽等结构。

当机件的内部结构形状用一个剖切平面不能表达完全，且这个机件在整体上又具有回转轴时，可采用两个相交平面（交线垂直于某一基本投影面）来剖切机件。如图6-22所示，在画该剖视图时，首先把由倾斜平面剖开的结构连同有关部分旋转到与选定的基本投影面平行的位置，然后再进行投影。旋转剖的标注与阶梯剖相同。

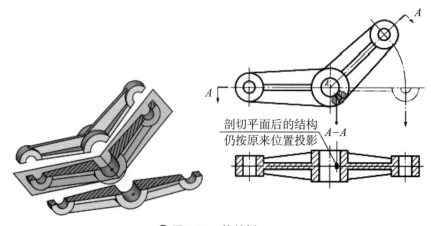

剖切平面后的结构
仍按原来位置投影

⬥ 图6-22　旋转剖

用这种剖切面绘制剖视图时，应注意以下几点：

（1）必须进行标注。标注时，在剖切平面的起止和转折处画上剖切符号，且标上同一字母，然后在起止处画出箭头，表示投影方向。在所画的剖视图的上方中间位置用同一字母写出其名称"X—X"。

（2）在剖切平面后的其他结构一般仍按原来位置进行投影。

（3）当剖切后产生不完整要素时，该部分按不剖画出。

拓展提高

根据机件内部的结构特点，还可以用几个相交或平行的剖切平面的组合来剖切机件，称为复合剖，如图6-23所示，采用阶梯剖切和旋转剖切组合的方法。

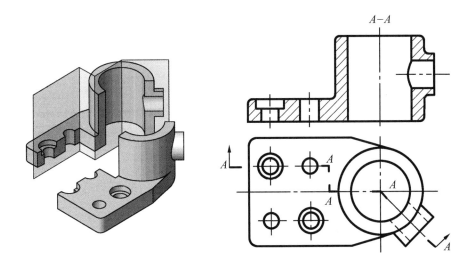

▲ 图6-23　复合剖

任务三　断面图

任务概述

假想用剖切面将机件的某处切断，仅画出该剖切面与机件接触部分的图形，称为断面图，简称断面。

本任务我们将学习断面图的种类和画法规定。

任务要点

1. 理解断面图的形成方法。
2. 能正确辨析断面图与剖视图。
3. 掌握断面图的种类和画法规定。

 **学习内容**

一、断面图的形成

如图6-24（a）所示的轴，为了表达清楚轴上键槽的深度和宽度，假想在键槽处用垂直于轴线的剖切平面将轴切断，只画出断面的形状并在断面上画出剖面线。

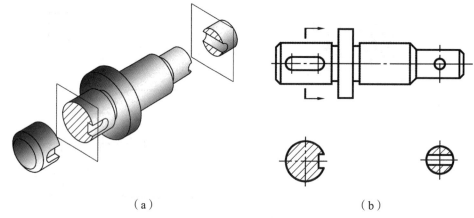

（a）　　　　　　　　　　　　　　　　（b）

▲ 图6-24　断面图的形成

断面图，实际上就是使剖切平面垂直于结构要素的轴线进行剖切，然后将断面图形旋转90°，使其与纸面重合而得到的。

剖视图和断面图是两种不同的表达图样的方法，两者的共同点都是利用了假想平面剖开机件后再进行投影，进而清晰地表达了机件的内部结构。而两者的主要区别在于断面图只画出机件的断面形状，剖视图则将机件处在观察者和剖切面之间的部分移去后，除了断面形状以外，还要画出机件留下部分的投影，如图6-25所示。

断面图主要用来配合视图表达出肋板、轮辐以及带有孔或槽的轴等这类常见物体结构的断面形状，与剖视图相比，在表达这些结构时，断面图更加简单，识读更加方便。

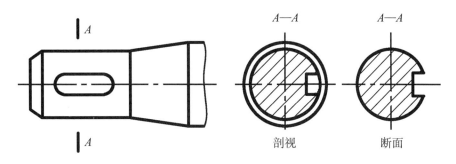

🔺图6-25　断面图及剖视图

根据画在图上的位置不同，断面图分移出断面图和重合断面图两种。

二、移出断面图

画在视图外面的断面图，称为移出断面图（参见图6-24）。

1.移出断面图的画法

（1）移出断面的轮廓线用粗实线画在视图之外，尽量配置在剖切线的延长线上，必要时也可配置在其他适当的位置。

（2）当剖切平面通过非圆孔而导致完全分离的两个断面时，按剖视图画。为画图方便，允许将倾斜图形旋转后画出，如图6-26中，"A—A"所示。

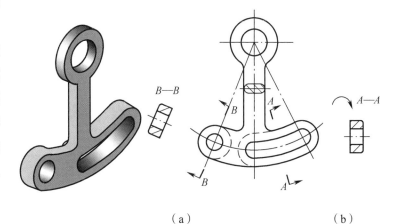

（a）　　　　　　　　　　（b）

🔺图6-26　移出断面图

（3）用两个或多个相交的剖切平面剖切得出的移出断面，中间一般应断开，如图6-27所示。

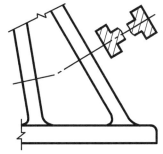

🔺图6-27　用两个相交的剖切平面

（4）对称形状的断面配置在视图的中断处时，视图的中间应当断开，如图6-28所示。

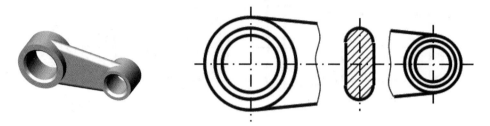

⬥ 图6-28　视图断开

（5）剖切平面通过回转面形成的孔或凹坑的轴线时，按剖视图画，如图6-29所示。

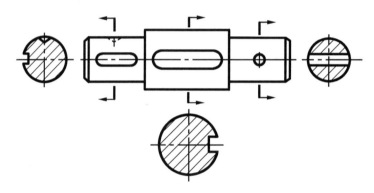

⬥ 图6-29　回转面形成的孔或凹坑

2. 移出断面图的标注方法

移出断面一般应用剖切符号表示剖切位置，用箭头表示投影方向，并注上字母，在断面图的上方，用同样的字母标出相应的名称"X—X"。根据具体情况标注可以简化或者省略。

（1）省略箭头

①在剖切面延长线上的对称移出断面，如图6-30（a）所示。

②按投影关系配置的不对称移出断面，如图6-30（b）所示。

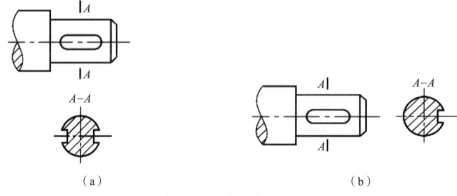

（a）

（b）

⬥ 图6-30　省略箭头

（2）省略图名

配置在剖切面延长线上的不对称移出断面，如图6-31（a）所示。

（3）省略标注

①配置在剖切面延长线上的对称移出断面，如图6-31（b）所示。

②配置在视图中断处的对称移出断面图，如图6-28所示。

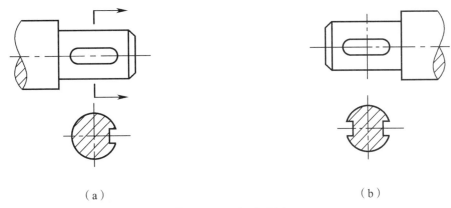

（a）　　　　　　　　　　　（b）

△ 图6-31　标注图例

三、重合断面图

将断面图形画在视图之内的断面图称为重合断面图，其断面轮廓线用细实线绘制，如图6-32所示。

当视图中的轮廓线与重合断面图的图形重叠时，视图中的轮廓线要连续地画出不可间断，如图6-32所示。

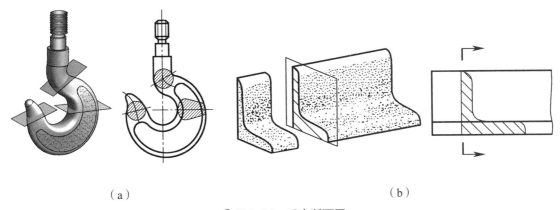

（a）　　　　　　　　　　　　（b）

△ 图6-32　重合断面图

对称的重合断面，配置在剖切平面迹线的延长线上的对称移出断面，可以完全不标注。不对称的重合断面，在不引起误解时可以省略标注，如图6-33所示。

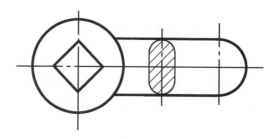

⚠ 图6-33　省略标注

拓展提高

　　机件上的小平面在图形中不能充分表达时，可用平面符号（相交的两条细实线）表示，如图 6-34 所示的轴端平面结构。

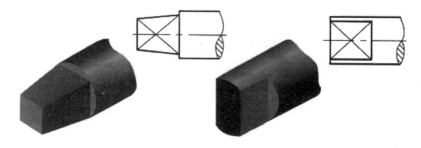

⚠ 图6-34　用平面符号表示平面

单元七
焊缝符号及标注方法

 **单元概述**

　　焊接图样是指焊接加工所用的机械图样，它除了零件图和部件图外，还包括焊接结构装配图。焊接图样应将焊接件的结构和焊接有关的技术参数表示清楚。国家标准《焊缝符号表示法》（GB/T 324—2008）和《技术制图　焊缝符号的尺寸、比例及简化表示法》（GB/T 12212—2012）是绘制焊接图样的通用基础标准，标准中规定了焊缝的种类、画法、符号、尺寸标注方法以及焊缝标注方法。

　　本单元主要任务围绕焊缝符号及标注方法，介绍焊缝基础知识、焊缝符号的基本构成及标注方法，让焊接工作人员能够准确无误地根据焊接结构图样要求完成焊接结构（产品）的焊接任务。

任务一　焊缝的基础知识

 **任务概述**

　　焊件经焊接后所形成的结合部分叫作焊缝，在焊接图样中，焊缝的表示方法有图示法和符号标注法两种。在绘图时，尽量采用符号标注法，以简化图样上焊缝的表示方法，在必要时可以用图示法辅助表达焊缝。

　　本任务主要介绍焊缝和坡口的基础知识以及焊缝的图样表达方法。

任务要点

1. 了解坡口的类型和尺寸。
2. 掌握焊缝的形式和形状尺寸。
3. 熟悉焊缝的图示方法。

学习内容

一、焊缝的形成

1. 焊接接头

用焊接方法连接的接头称为焊接接头，它主要起连接和传递力的作用，焊接接头由焊缝、熔合区和热影响区三部分组成，如图7-1所示。

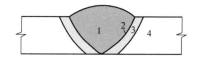

1—焊缝　2—熔合区　3—热影响区　4—母材

▲ 图7-1　焊接接头组成示意图

焊接接头的形式有对接接头、T形接头、角接接头和搭接接头等，如图7-2所示。

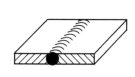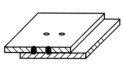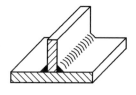

对接接头　　　　搭接接头　　　　T形接头　　　　角接接头

▲ 图7-2　焊接接头的形式

2. 焊接位置

熔焊时，焊件接缝所处的空间位置叫作焊接位置，焊接位置有平焊、立焊、横焊和仰焊位置等，如图7-3所示。

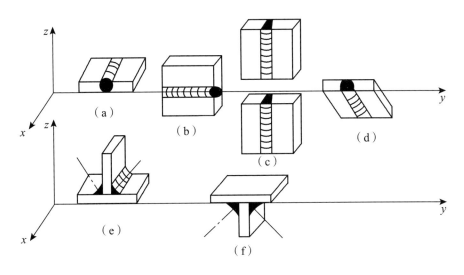

（a）平焊　（b）横焊　（c）立焊　（d）仰焊　（e）平角焊　（f）仰角焊

⚠ 图7-3　焊接位置

二、坡口类型和尺寸

根据设计和工艺需要，在焊件的待焊部位加工并装配成一定几何形状的沟槽叫作坡口。

焊件加工坡口的目的是为了保证电弧能深入接头根部，使接头根部焊透，以及便于清渣和获得较好的焊缝成形，而且坡口还能起调节焊缝金属中母材金属与填充金属比例的作用。

1. 坡口的类型

焊接接头的坡口根据其形状不同可分为基本型、组合型和特殊型三类，见表7-1。

表7-1　焊接接头坡口分类及特点

类型	特点	图示
基本型	形状简单，易于加工，应用普遍。主要有I形坡口、V形坡口、单边V形坡口、U形坡口、J形坡口五种	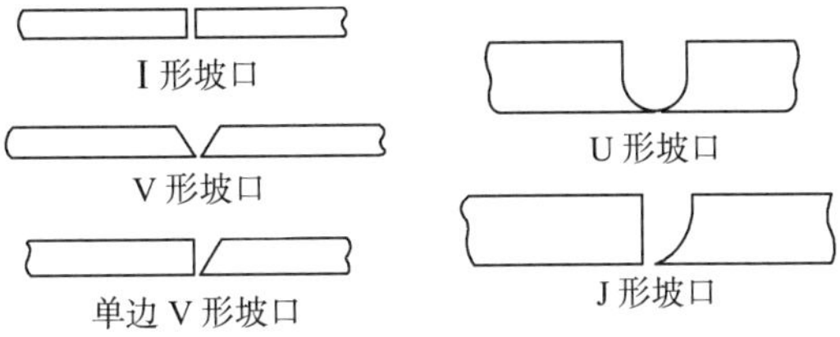 I形坡口　V形坡口　单边V形坡口　U形坡口　J形坡口

（续表）

类型	特点	图示
组合型	由两种或两种以上的基本形坡口组合而成，如Y形坡口、双Y形坡口、带钝边U形坡口、双单边V形坡口，带钝边单边V形坡口	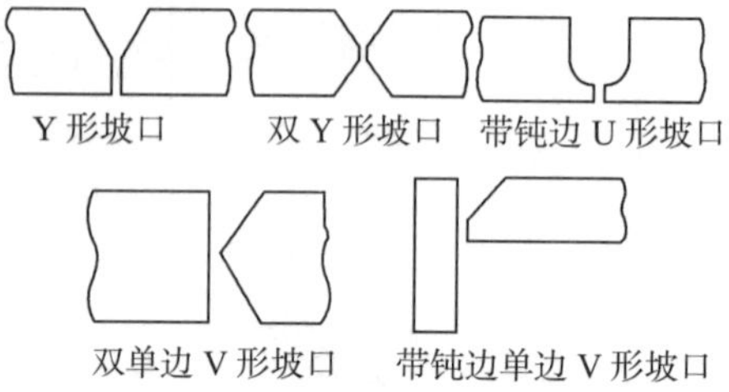 Y形坡口　双Y形坡口　带钝边U形坡口 双单边V形坡口　带钝边单边V形坡口
特殊型	既不属于基本型，也不属于组合型的坡口，如卷边坡口、垫板坡口、锁边坡口、塞焊坡口、槽焊坡口	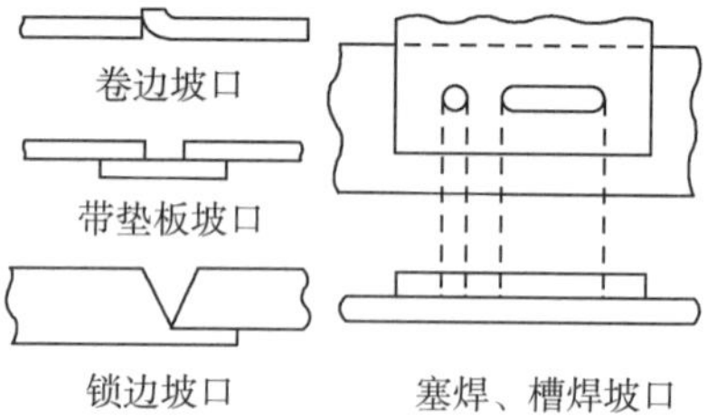 卷边坡口 带垫板坡口 锁边坡口　塞焊、槽焊坡口

2. 坡口的尺寸及符号

（1）坡口面角度和坡口角度　两坡口面之间的夹角叫坡口角度，用 α 表示；待加工坡口的端面与坡口面之间的夹角叫坡口面角度，用 β 表示。坡口面指待焊件上的坡口表面，如图7-4所示。

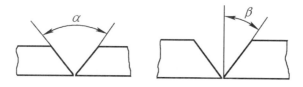

🔺 图7-4　坡口面角度和坡口角度

（2）根部间隙　焊前在接头根部之间预留的空隙叫作根部间隙（又叫装配间隙），用 b 表示，其作用是在打底焊时保证根部焊透，如图7-5（a）所示。

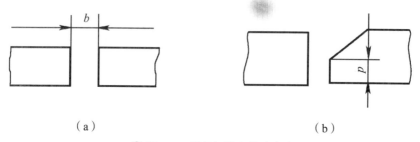

（a）　　　　　　　　　　（b）

🔺 图7-5　根部间隙和钝边高度

（3）钝边　焊件开坡口时，沿焊件接头坡口根部端面的直边部分叫钝边，钝边的长度叫作钝边高度，用 p 表示，钝边的作用是防止根部烧穿，如图7-5（b）所示。

（4）根部半径　在 J 形、U 形坡口底部的圆角半径叫作根部半径，用 R 表示，其作用是增大坡口根部的空间，以便焊透根部，如图7-6（a）所示。

（5）坡口深度　焊件上开坡口部分的高度叫作坡口深度，用 H 表示，如图7-6（b）所示。

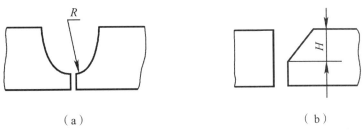

（a）　　　　　　　　　　　　　（b）

⬥ 图7-6　根部半径和坡口深度

三、焊缝的形状及图示

1. 焊缝的形状尺寸

（1）焊缝宽度　焊缝表面与母材的交界处叫焊趾，焊缝表面两焊趾之间的距离叫作焊缝宽度，如图7-7所示。

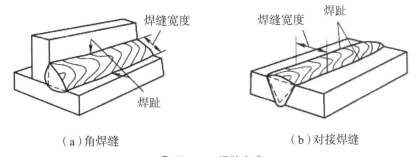

（a）角焊缝　　　　　　　　　　（b）对接焊缝

⬥ 图7-7　焊缝宽度

（2）余高　超出母材表面连线上面的那部分焊缝金属的最大高度叫作余高，如图7-8所示。

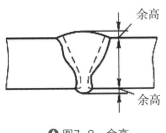

⬥ 图7-8　余高

（3）熔深 在焊接接头横截面上，母材或前道焊缝熔化的深度叫作熔深，如图7-9所示。

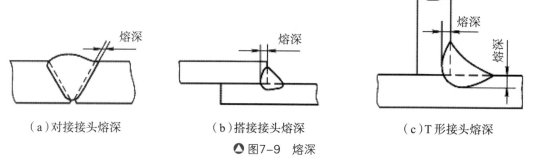

（a）对接接头熔深　　（b）搭接接头熔深　　（c）T形接头熔深

⚠ 图7-9　熔深

（4）焊缝厚度 在焊缝横截面中，从焊缝正面到焊缝背面的距离叫作焊缝厚度，如图7-10所示。焊缝的计算厚度是设计焊缝时使用的焊缝厚度。对接焊缝焊透时它等于焊件的厚度；角焊缝时它等于在角焊缝横截面内画出的最大等腰直角三角形中，从直角的顶到斜边的垂线长度。

（5）焊脚 在角焊缝的横截面中，从一个直角面上的焊趾到另一个直角面表面的最小距离叫作焊脚。在角焊缝的横截面中画出的最大等腰直角三角形中直角边的长度叫作焊脚尺寸，如图7-10所示。

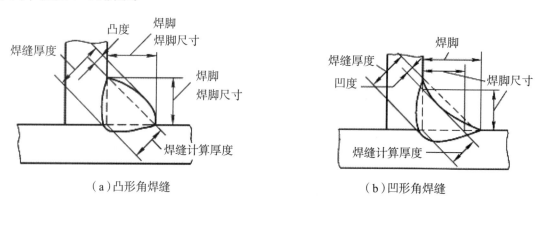

（a）凸形角焊缝　　　　　　　　　　（b）凹形角焊缝

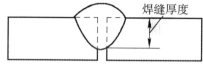

（c）对接焊缝的焊缝厚度

⚠ 图7-10　焊缝厚度及焊脚

2. 焊缝的图示方法

（1）视图 可用一系列平行细线段或连续粗线（2b~3b）表示连续焊缝，可用间断的平行细线段或粗线段（2b~3b）表示断续焊缝。在同一张图样中，以上两种画法只允许采用其中一种，如图 7-11 所示。

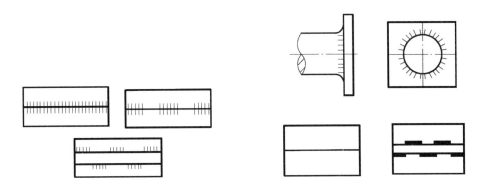

◬图7-11 焊缝视图

（2）剖视图、剖面图 在剖视图、剖面图中，金属熔焊区通常采用涂黑表示焊缝。若需要画出坡口时，采用粗实线画出焊缝轮廓，用细实线画出焊前坡口形状，如图 7-12 所示。

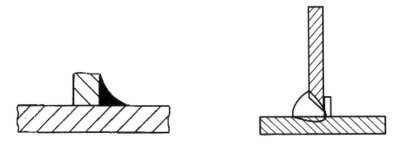

◬图7-12 剖视图、剖面图

（3）局部放大图 必要时可绘制焊缝的局部放大图，并标注有关尺寸，如图 7-13 所示。

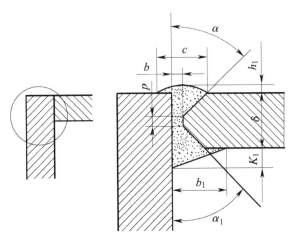

◬图7-13 局部放大图

（4）轴测图中焊缝的画法　在轴测图上表示焊缝可以用示意画法，在焊缝处画栅线或涂黑，如图7-14所示。

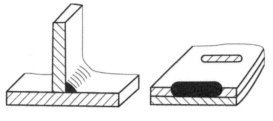

⬧图7-14　轴测图上的焊缝

 拓展提高

熔焊时，在单道焊缝横截面上焊缝宽度（B）与焊缝计算厚度（H）的比值，叫作焊缝成形系数，如图7-15所示。

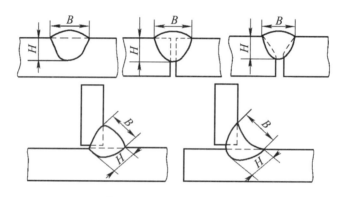

⬧图7-15　焊缝成形系数

焊缝成形系数的大小对焊缝质量有着较大影响，焊缝成形系数过小，焊缝窄而深，容易产生气孔和裂纹；焊缝成形系数过大，焊缝宽而浅，容易焊不透，因此，焊缝成形系数应该控制在合理的范围内。

任务二　焊缝符号基础

 任务概述

焊接结构图上的焊缝通常用焊缝符号表示。在图样上，焊缝符号除了可以用来表示焊缝的基本形式和尺寸外，焊缝符号还可以包含以下信息：

（1）所焊焊缝的位置。

（2）焊缝横截面形状（坡口形状）及坡口尺寸。

（3）焊缝表面形状特征。

（4）表示焊缝某些特征或其他要求。

本任务主要介绍焊缝符号的组成及常用类型。

 任务要点

1.了解焊缝符号的组成。

2.重点掌握焊缝基本符号的图形。

3.熟练识读焊缝符号的含义、焊缝尺寸大小、焊接加工方法等。

学习内容

一、焊缝符号的组成

在图样中，焊缝形式及尺寸均用焊缝符号来说明。焊缝符号主要由基本符号、辅助符号或补充符号、焊缝尺寸符号、指引线等组成。基本符号和辅助符号用粗实线绘制，指引线用细实线绘制，如图7-16所示。

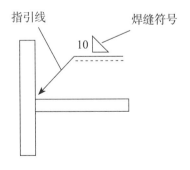

⬥ 图7-16　焊缝符号

1. 基本符号

基本符号是表示焊缝横剖面形状的符号，它采用近似于焊缝剖面形状的符号来表示。标准规定的焊缝基本符号可查阅焊接技术手册，国家标准（GB/T 324—2008）规定的常用焊缝基本符号见表7-2。

表7-2　常用焊缝基本符号

序号	名称	示意图	符号
1	角焊缝		◺
2	点焊缝	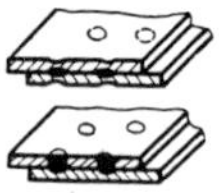	○
3	I 形焊缝		‖
4	V 形焊缝		∨
5	单边 V 形焊缝		⋁
6	带钝边 V 形焊缝		Y
7	缝焊缝	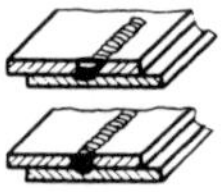	⊖
8	塞焊缝或槽焊缝	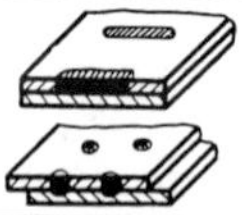	⊓
9	封底焊缝		⌣
10	喇叭形焊缝		⋎
11	单边喇叭形焊缝	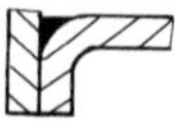	⼁ʃ

标注双面焊焊缝或接头时，基本符号可组合使用，见表7-3。

表7-3　焊缝基本符号的组合

名称	示意图	符号
双面 V 形焊缝 （X 焊缝）		X
双面单 V 形焊缝 （K 焊缝）		K
带钝边的双面 V 形焊缝		Ⱶ
带钝边的双面 单 V 形焊缝		K
双面 U 形焊缝		Ⅸ

2. 辅助符号和补充符号

辅助符号是表示焊缝表面形状特征的符号，补充符号是为了补充说明焊缝的某些特征（诸如表面形状、衬垫、焊缝分布、施焊地点等），国家标准（GB/T 324—2008）规定的焊缝补充符号见表 7-4。

表7-4　辅助符号和补充符号

名称	平面符号	凹面符号	凸面符号	三面焊缝符号	周围焊缝符号	现场焊缝符号
示意图						
符号	—	⌣	⌢	⊐	○	⚑
说明	表示焊缝 表面平齐	表示焊缝 表面凹陷	表示焊缝 表面凸起	三面焊缝的方向 与实际基本一致	表示环绕工件 周围施焊	表示在现场 或工地施焊

3. 焊缝尺寸符号

焊缝尺寸符号是表示焊接坡口和焊缝尺寸的符号，国家标准（GB/T 324—2008）规定的尺寸符号见表 7-5。

表7-5　焊缝尺寸符号

符号	名称	示意图	符号	名称	示意图
δ	工件厚度		c	焊缝宽度	
α	坡口角度		h	余高	
b	根部间隙		S	焊缝有效厚度	
p	钝边		l	焊缝长度	
H	坡口深度		e	焊缝间距	
β	坡口面角度		n	焊缝段数	
R	根部半径		N	相同焊缝数量	
K	焊脚尺寸		d	点焊：熔核直径 塞焊：孔径	

二、焊接及相关工艺方法代号

在焊接结构图上，为了简化焊接方法的标注和说明，国家标准《焊接及相关工艺方法代号》（GB/T 5185—2005）规定了用阿拉伯数字表示金属焊接及相关工艺方法的代号。

焊接及相关工艺方法一般采用三位数代号表示，其中，第一位数字表示工艺方法大类；第二位数字表示工艺方法分类；第三位数字表示某种工艺方法。常用焊接及相关工艺方法代号见表7-6。

焊接及相关工艺方法代号标注在基准线实线末端的尾部符号中，查表7-6得知，"111"表示使用"焊条电弧焊"的焊接方法。示例见图7-17。

表7-6　常用焊接方法及其代号

代号	焊接方法	代号	焊接方法
1	电弧焊	3	气焊
11	无气体保护的电弧焊	311	氧乙炔焊
111	焊条电弧焊		
135	熔化极非惰性气体保护电弧焊（MAG）	4	压力焊
		42	摩擦焊

（续表）

代号	焊接方法	代号	焊接方法
2	电阻焊	7	其他焊接方法
21	点焊	781	电弧螺柱焊
22	缝焊	782	电阻螺柱焊
221	搭接缝焊		
225	薄膜对接缝焊	9	硬钎焊、软钎焊及钎接焊
23	凸焊	91	硬钎焊
24	闪光焊	94	软钎焊

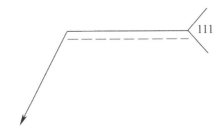

● 图7-17　焊接方法

三、常见焊缝的图例

常见焊缝的标注示例及含义说明见表7-7。

表7-7　常见焊缝符号图例

接头形式	焊缝形式	标注示例	说明
对接接头			Ⅲ表示用焊接电弧焊，V形焊缝，坡口角度为 a，对接间隙 b，有 n 条焊缝，焊接长度为 t
T形接头			▶ 表示在现场装配时进行焊接 ⊳ 表示双面角焊缝，焊脚尺寸为 K
角接接头			$n\times t(e)$ 表示有 n 条断续双面链状角焊缝。t 表示焊缝的长度，e 表示断续焊缝的间距

（续表）

接头形式	焊缝形式	标注示例	说明
角接接头			⌐⊢ 表示双面焊缝，上面为带钝边单边 V 形焊缝，下面为角焊缝
搭接接头			○ 表示点焊，d 表示溶核直径，e 表示焊点的间距，a 表示焊点至板边的间距

拓展提高

　　焊缝符号的组成较为复杂，在一些不同的生产场合，各种基本焊缝符号、辅助符号、补充符号也可以组合运用，见表 7-8。

表7-8　补充符号应用示例

序号	名称	示意图	符号
1	平齐 V 形焊缝		▽
2	凸起的双面 V 形焊缝		✕
3	凹陷的角焊缝		
4	平齐的 V 形焊缝和封底焊缝		
5	表面过度平滑的角焊缝		

任务三　焊缝标注方法

任务概述 ••

　　焊缝标注有许多内容，其中焊缝基本符号和指引线构成了焊缝的基本要素，属于必须标注的内容。除焊缝基本要素外，在必要时还应加注其他辅助要素，如辅助符号、补充符号、焊缝尺寸符号及焊接工艺等内容。

　　本任务学习焊缝标注的方法及图例。

任务要点 ••

　　1.理解基本符号在基本线上的标注原则。

　　2.掌握补充符号，尺寸符号在基本线上的标注原则。

　　3.熟练识看焊缝符号的标注图例，提高识图能力。

学习内容 ••

一、指引线

　　指引线一般由带箭头的指引线（简称箭头线）和两条基准线（一条为细实线，另一条为虚线）和尾部组成，如图7-18所示。

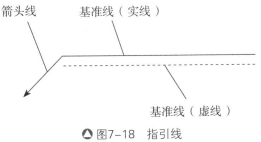

△ 图7-18　指引线

　　1.箭头线

　　箭头直接指向的接头侧为"接头的箭头侧"，与之相对的则为"接头的非箭头侧"。基本符号在实线侧时，表示焊缝在箭头侧，基本符号在虚线侧时，表示焊缝在非箭头侧。

如图7-19所示接头的"箭头侧"和"非箭头侧"示例。

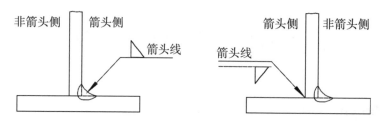

△ 图7-19　接头的"箭头侧"和"非箭头侧"示例

　　箭头线相对于焊缝的位置一般没有特殊要求，箭头线可以标在有焊缝一侧，也可标在没有焊缝一侧。

　　2. 基准线

　　基准线的虚线可以画在基准线的实线下侧或上侧，如图7-20（a）所示。基准线一般应与图样的底边相平行，但在特殊情况下，也可以与底边相垂直。对称焊缝和双面焊缝允许省略虚线，如图7-20（b）所示。

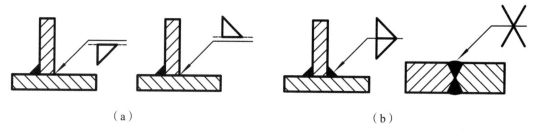

（a）　　　　　　　　　　　　　　　　　　（b）

△ 图7-20　对称焊缝和双面焊缝

二、焊缝符号标注

　　1. 焊缝符号的位置

　　当在图样上采用图示法绘出焊缝时，应同时标注焊缝符号。各种符号相对于基准线的位置如图7-21所示。

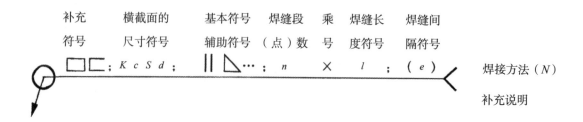

△ 图7-21　各种符号相对于基准线的位置

　　（1）尾部符号标于箭头线的尾部，并且以90°开口对称于基准线。

（2）基准线上所标注各种焊缝符号的位置和方向不随箭头线方向的变化而变化；尾部符号处标注的内容也不随尾部方向的变化而改变上下左右的书写顺序。

（3）当基本符号（辅助符号、补充符号）标注在基准线下方时，其方向应与标注在基准线上方时相对称。

（4）双面符号只能标注基础件一侧的焊接，在基础件两侧的焊接不能用双面符号。

（5）焊接标注的焊缝符号，其数字和字符与图样中的相应数字和字符的形式、字体宽度和字体高度相一致。

（6）焊缝符号中的尾部符号后的（不带括号）数字表示焊接方法，带括号的数字表示焊接处数。在不致引起误解的情况下可省略虚线基准线及"（N）"的括号。

2. 焊缝尺寸符号及数据的标注原则

（1）在基本符号左边标注钝边 p、坡口深度 H、焊脚尺寸 K、余高 h、熔缝有效厚度 s、根部半径 R、焊缝宽度 C 和熔核直径 d。

（2）在基本符号右边标注焊缝长度 L、焊缝间距 e 和焊缝段数 n。

（3）在基本符号上边标注坡口角度 α 和根部间隙 b。

3. 关于尺寸的其他规定

（1）确定焊缝位置的尺寸不在焊缝符号中标注，应将其标注在图样上。

（2）在基本符号的右侧无任何尺寸标注且无其他说明时，意味着焊缝在工件的整个长度方向上是连续的。

（3）在基本符号左侧无任何尺寸标注且无其他说明时，意味着对接焊缝应完全焊透。

（4）塞焊缝、槽焊缝带有斜边时，应标注其底部的尺寸。

4. 补充符号的标注原则

（1）平面符号、凹面符号、凸面符号、圆滑过渡符号标注在基本符号的上方。

（2）永久衬垫和临时衬垫符号标注在基本符号的下方。

（3）三面焊缝符号、周围焊缝符号和现场符号标注在基本符号左侧。

四、标注示例

焊缝符号标注示例见表7-9。

表7-9 焊缝符号标注示例

焊缝形式	焊缝示意图	标注方法	焊缝符号含义
对接焊缝			坡口角度为60°，根部间隙2mm，钝边为3mm且封底的V形焊缝，焊接方法为焊条电弧焊

（续表）

焊缝形式	焊缝示意图	标注方法	焊缝符号含义
角焊缝	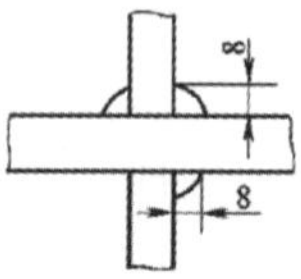	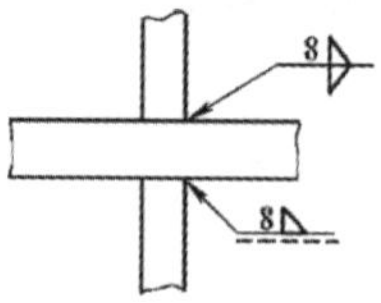	上面为焊脚为 8mm 的双面角焊缝；下面为焊脚为 8mm 的单面角焊缝
对接焊缝与角焊缝的组合焊缝	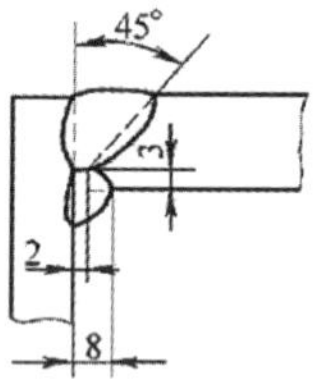	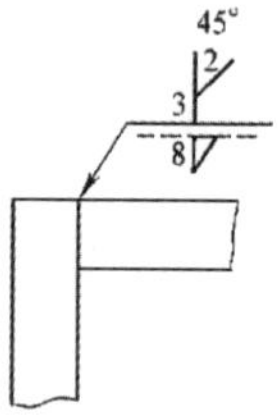	表示双面焊缝，上面为坡口角度是 45°，钝边为 3mm，根部间隙为 2mm 的单边 V 形对接焊缝；下面是焊脚为 8mm 的角焊缝
角焊缝	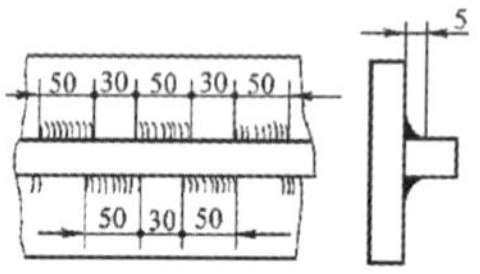	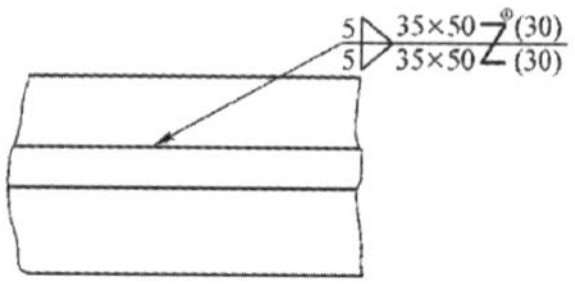	表示 35 段，焊脚为 5mm，间距为 30mm，每段长为 50mm 的交错断续角焊缝

例 7-1　如图 7-22（a）所示，已知一双面角焊缝，焊角尺寸为 4，在现场装配时进行焊接，试将其标注在图 7-22（b）中。

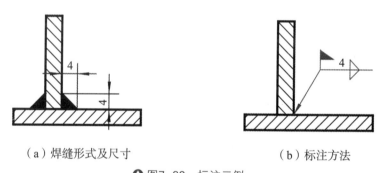

（a）焊缝形式及尺寸　　　　　　　　（b）标注方法

⬥ 图7-22　标注示例

解：标注结果如图 7-22（b）所示。

例 7-2　指出图 7-23 焊缝标注的含义。

（a）　　　　　　　　　　　（b）

⬥ 图7-23　标注的含义

解：

（a）图符号表示焊脚尺寸为 4mm 的周围角焊缝，焊接方法为焊条电弧焊。

（b）图符号表示为坡口角度为 50°，根部间隙为 3mm，钝边为 1mm 的周围 Y 形焊缝，焊接方法为二氧化碳气体保护焊。

拓展提高

一个焊接接头有时往往需要不止一种类型的焊缝。工程结构制造中，带坡口的焊缝常常与另一种焊缝（例如角焊缝）焊接在一起。当出现这种情况时，人们能见到基准线两边都有焊缝符号，如图 7-24 所示。

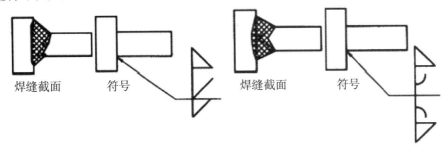

焊缝截面　符号　　　　　　焊缝截面　符号

▲图7-24　采用组合焊缝符号

单元八
零件图

单元概述

任何机器或部件都是由一定数量的零件组成的，制造机器首先要依据零件图加工零件。

本单元将学习零件图的基本内容、零件图的技术要求、公差配合的基础知识，零件图的绘制与典型零件的识读。

任务一　零件图的概述

任务概述

表达单个零件的结构形状、尺寸大小及技术要求等内容的图样称为零件图。零件图可用于指导加工制造和检验零件。

本任务我们将学习零件图的作用与内容、零件图的视图选择、零件图的尺寸标注及零件图上的技术要求。

任务要点

1. 了解零件图的内容及作用。

2. 掌握视图表达方案的优化选择。

3.熟练进行零件图的尺寸标注。

一、零件图的作用与内容

零件图是制造和检验零件的主要依据，是设计部门提交给生产部门的重要技术文件，在生产过程中，从备料、加工、检验到成品都必须以零件图为依据。因此，它是指导零件生产过程的重要技术文件，也是进行技术交流的重要资料。

如图 8-1（a）所示，一张完整的零件图应包括以下主要内容：

1. 一组视图

选用适当的视图、剖视图、断面图、局部视图、放大视图等表达方法，形成一组合理的图形，用来正确、完整、准确、清晰地表达零件的内外结构形状。

2. 完整的尺寸

正确、齐全、清晰、合理地标注零件在制造、检验零件时所需的全部定形、定位尺寸，但不得重复标注。

零件图中标注的尺寸是设计人员按照国家标准规定，并根据生产实践经验确定的。

3. 技术要求

说明零件在制造和检验时应达到的的质量要求，如表面粗糙度、尺寸公差、形状和位置公差、表面结构、材料热处理等。

4. 标题栏

说明零件的名称、材料、比例、数量、图号等以及相关责任人的签字等内容。

二、零件图的视图选择

零件图的视图选择，应根据零件结构形状的特点，以及它在机器中所处的工作位置和机械加工位置等因素综合考虑。选择零件视图的原则是：用一组合适的图形，在正确、完整、清晰地表达零件内、外结构形状及相互位置的前提下，尽可能减少图形数量，而且便于绘制与识读。

1. 主视图的选择

主视图在表达零件的结构形状、绘制与识读中起主导作用，因此，在零件图中，主视图的选择应放在首位。选择主视图应考虑以下原则：

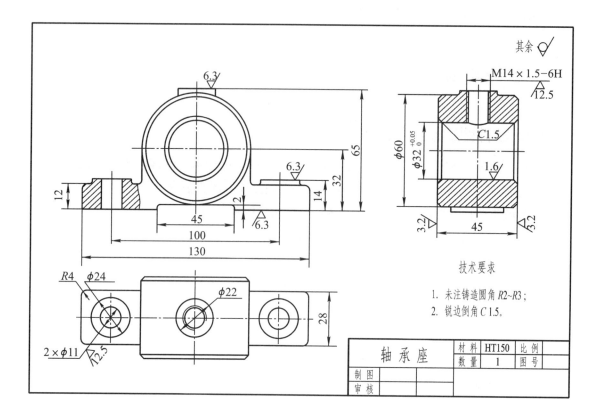

（a）零件图

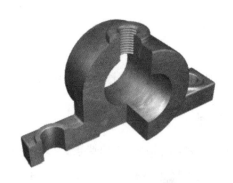

（b）实物图

▲ 图8-1　轴承座零件图与实物

（1）形状特征原则　应把反映零件内、外形状信息总量最多，即最能反映零件各组成部分的内、外形及其相对位置的方向，作为主视图的投射方向。如图 8-2（a）所示的传动器箱体，分别从 A、B、C 三个方向投射，显然 A 向作为主视图 [见图 8-2（b）] 的投射方向最佳，它最能反映箱体主体的圆筒、底板及连接结构的内、外形状和相对位置。

（2）加工位置原则 指主视图的放置位置应与零件在机械加工时的主要位置保持一致，使工人加工该零件时便于将图和实物对照读图，如图 8-2（b）所示，箱体主视图的位置符合镗孔时的加工位置，图 8-3 所示传动轴在车床上的加工位置。

（3）工作位置原则 指主视图放置位置应与零件在机器（或部件）的工作位置和安装位置一致，这样便于把零件和机器（部件）联系起来想象零件工作状态及其作用，有利于读、画装配图，如图 8-4 所示吊钩主视图。图 8-3 所示传动轴的主视图既符合加工位置又符合工作位置。

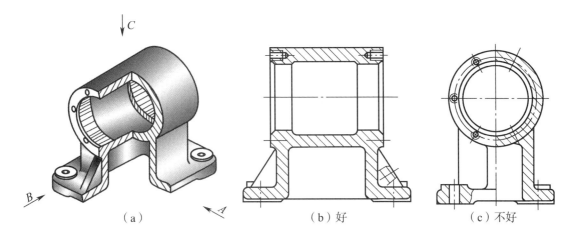

（a） （b）好 （c）不好

⬥ 图8-2 箱体主视图的投射方向

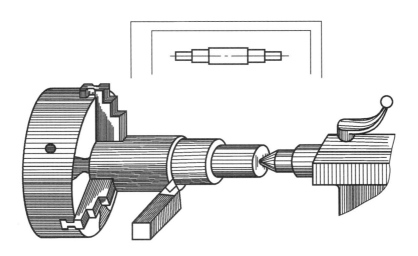

⬥ 图8-3 传动轴在车床上的加工位置

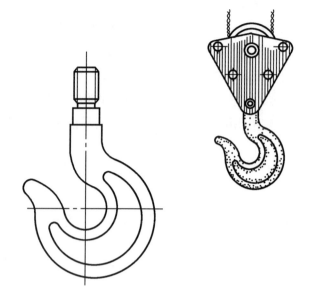

△图8-4　吊钩的工作位置

2. 其他视图的选择

选定主视图后，根据零件的复杂程度和内、外结构的情况全面考虑所需要的其他视图，在表达清楚的前提下，采用的视图数量尽量少，以免烦琐、重复，既便于画图，又便于看图。

（1）优先考虑用基本视图以及在基本视图上作剖视图。习惯上俯视图优先于仰视图，左视图优先于右视图。采用局部视图、局部剖视图、斜视图或斜剖视图时应尽可能按投影关系配置在相关视图附近。

（2）要考虑合理地布置视图位置，要使图样清晰匀称，便于标注尺寸及技术要求，充分利用图幅。

（3）拟定多种表达方案，通过比较后，确定其中一种最佳表达方案。

三、零件图的尺寸标注

在分析零件形状结构的基础上标注尺寸，除要求尺寸完整、布置清晰，并符合国家标准中的尺寸注法的规定外，还要求标注合理，既要符合设计要求，又要便于制造、测量、检验和装配。

这就要求根据零件的设计和加工工艺要求，正确地选择尺寸基准，恰当地配置零件的结构尺寸。

1. 尺寸基准及其选择

零件在设计、制造和检验时，计量尺寸的起点为尺寸基准。根据基准的作用不同，分为设计基准、工艺基准等。根据基准主次所处位置不同，分为主要基准和辅助基准。

（1）设计基准

根据设计要求，用以确定零件在机器中位置的点、线、面，称为设计基准。从设计基准出发标注尺寸，可以直接反映设计要求，能体现所设计零件在部件中的功用。

图 8-5 所示支座的孔中心高为 30，应根据其安装面（底面）来设计确定，因此底面是高度方向的设计基准。如图 8-6 所示的齿轮轴，确定其在箱体中的安装轴向位置依据的是 ϕ24 圆柱左边的轴肩，确定径向位置依据的是轴线，所以设计基准是 ϕ24 圆柱左边的轴肩和轴线。

（2）工艺基准

在加工、检验、测量时，确定零件在机床或夹具中位置所依据的点、线、面，称为工艺基准。从工艺基准出发标注尺寸，可以直接反映工艺要求，便于操作和保证加工和测量质量。

如图 8-6 所示齿轮轴在车床上加工时，车刀每次的车削位置都是以左边的端面为基准来定位的，所以在标注轴向尺寸时，也以它作为工艺基准，其轴线与车床主轴的轴线一致，轴线也是工艺基准。

（3）主要基准和辅助基准

沿零件长、宽、高三个方向各有一个或几个尺寸基准。一般在三个方向上各选一个设计基准作为主要尺寸基准（一般为设计基准），其余尺寸基准是为加工测量方便而附加的，称为辅助基准（一般为工艺基准）。

图 8-5 支座高度方向的主要基准是安装底面，也是设计基准，高度尺寸 30、56 都以它为基准注出，安装底面是尺寸 30 的重要设计基准，顶面上螺纹孔的深度 10 是以顶面为辅助基准注出，以便于加工测量。辅助基准和主要基准必须要有直接的联系尺寸。如图 8-5 中的 56 和图 8-6 中的 18 都是辅助基准与主要基准的直接联系尺寸。

（4）基准重合原则

设计基准和工艺基准最好能重合，这一原则称为"基准重合原则"。基准重合时，既可满足设计要求，又便于加工、检测。

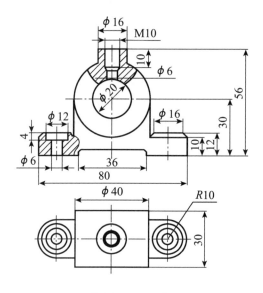

⬥ 图8-5　支座

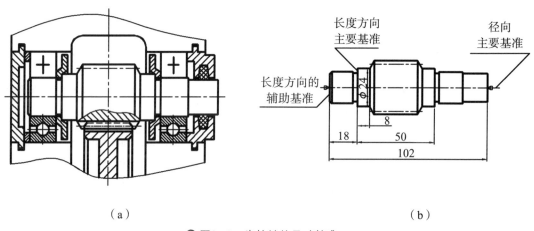

（a）　　　　　　　　　　　　　　　（b）

⬥ 图8-6　齿轮轴的尺寸基准

2. 标注尺寸的基本原则

（1）零件上重要的尺寸必须直接注出

重要尺寸主要是指直接影响零件在机器中的工作性能和位置关系的尺寸。常见的如零件之间的配合尺寸，重要的安装定位尺寸等。图 8-7 所示轴承座是左右对称的零件，轴承孔的中心高 H_1 和安装孔的距离尺寸 L_1 是重要尺寸，必须直接注出，如图 8-7（a）所示。而图 8-7（b）中的重要尺寸需依靠间接计算才能得到，这样容易造成误差积累。

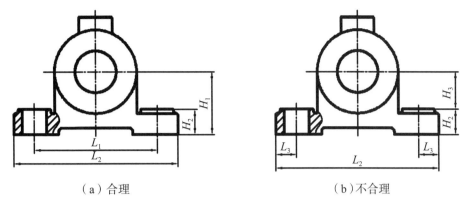

（a）合理 　　　　　　　　　　　（b）不合理

● 图8-7　重要尺寸直接注出

（2）避免出现封闭的尺寸链

封闭的尺寸链是指首尾相接，形成一整圈的一组尺寸。如图 8-8 所示的阶梯轴，长度 b 有一定的精度要求。图 8-8（a）中选出一个不重要的尺寸空出，加工产生的所有误差就积累在这一段上，保证了长度 b 的精度要求。而图 8-8（b）中长度方向的尺寸 b、c、e、d 首尾相接，构成一个封闭的尺寸链，加工时，尺寸 c、d、e 都会产生误差，这样所有的误差都会积累到尺寸 b 上，不能保证尺寸 b 的精度要求。

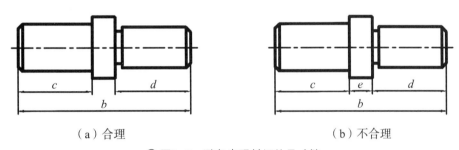

（a）合理 　　　　　　　　　　　（b）不合理

● 图8-8　避免出现封闭的尺寸链

（3）标注尺寸要便于加工和测量

①要符合加工顺序的要求。按加工顺序标注尺寸，符合加工过程。如图 8-9 所示的阶梯轴，标注轴向尺寸时，先考虑各轴段外圆的加工顺序（图 8-10），按照加工过程注出尺寸，既便于加工又便于测量。

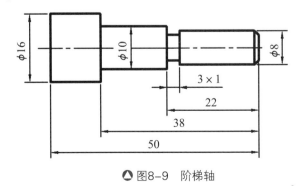

● 图8-9　阶梯轴

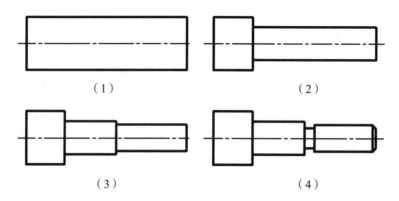

（1）　　　　　　　　　（2）

（3）　　　　　　　　　（4）

⚠ 图8-10　轴的加工顺序

②要符合测量顺序的要求。如图8-11所示的阶梯孔，图（a）的标注方法好测量，而图（b）测量方法则不便于测量。

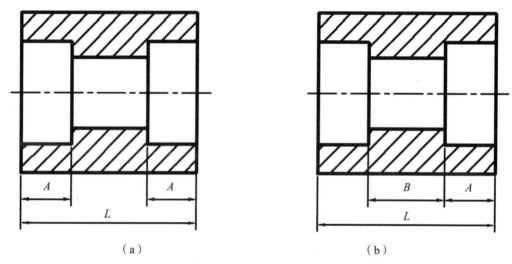

（a）　　　　　　　　　（b）

⚠ 图8-11　孔的测量顺序

③要符合加工要求。退刀槽的尺寸是由切槽刀的宽度决定的，所以应将其单独注出，标注方式为"槽宽 × 槽深"，如图8-9中的3×1，或者"槽宽 × 直径"。

🐾 拓展提高

在零件图中，要把零件的外部尺寸和内部尺寸分开标注，如图8-12所示。

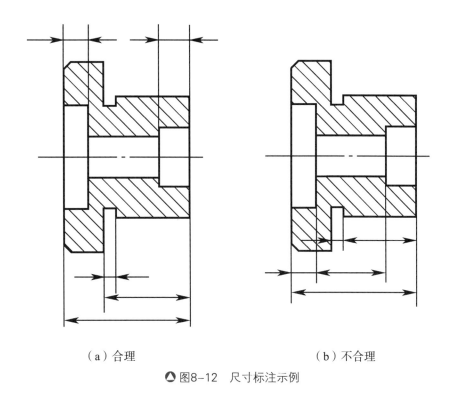

（a）合理　　　　　　　　　　　　（b）不合理

图8-12　尺寸标注示例

任务二　表面结构要求

任务概述

为了保证零件的使用性能，在机械图样中需要对零件的表面结构给出要求。表面粗糙度、表面波纹度、表面缺陷、表面纹理和表面几何形状构成零件的表面特征，称为表面结构。

本任务我们将认识表面结构的概念和评定参数，识读表面结构要求的标注。

任务要点

1. 了解表面结构要求的概念，表面结构要求对零件使用性能的影响。

2.掌握表面粗糙度符号、代号的标注方法。

3.能熟练识看表面粗糙度符号、代号的标注图例。

 学习内容

一、表面结构要求的有关概念

1.表面粗糙度

表面粗糙度是指加工表面具有的较小间距和微小峰谷的不平度。其两波峰或两波谷之间的距离（波距）很小（在 1mm 以下），它属于微观几何形状误差。表面粗糙度越小，则表面越光滑。

2.表面粗糙度的影响

表面粗糙度与机械零件的配合性质、耐磨性、疲劳强度、接触刚度、振动和噪声等有密切关系，对机械产品的使用寿命和可靠性有重要影响。

二、表面粗糙度的评定参数

在生产实际中，轮廓参数是我国机械图样中目前最常用表面粗糙度的评定参数。下面介绍评定粗糙度轮廓（R 轮廓）中的两个高度参数 Ra 和 Rz。

1.轮廓算术平均偏差 Ra

轮廓算术平均偏差是指在取样长度内轮廓上各点至轮廓中线距离的算术平均值，如图 8-13 所示。其表达式为

$$Ra = \frac{1}{n}(\ |\ Y_1\ |\ +\ |\ Y_2\ |\ +\cdots|\ Y_n\ |\ )$$

式中　Y_1、Y_2、$\cdots Y_n$ 分别为轮廓上各点至轮廓中线的距离。

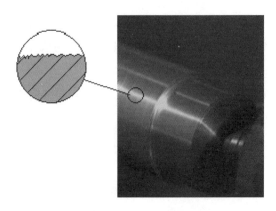

▲ 图8-13　表面粗糙度

2. 轮廓最大高度 Rz

轮廓最大高度 Rz 是指在取样长度内，最大轮廓峰高与最大轮廓谷深之和的高度，如图 8-14 所示。

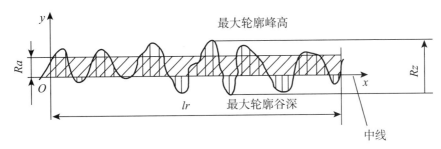

▲图8-14　算术平均偏差 Ra 和轮廓最大高度 Rz

三、表面结构的图形符号

1. 图形符号及其含义

在图样中，可以用不同的图形符号来表示对零件表面结构的不同要求。标注表面结构的图形符号及其含义见表 8-1。

2. 图形符号的画法及尺寸

图形符号的画法如图 8-15 所示。

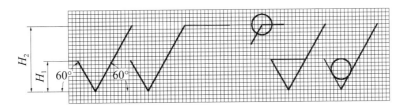

▲图8-15　面结构的图形符号

表8-1　表面结构的图形符号及含义

符号	含义
$\checkmark$	基本图形符号，未指定工艺方法的表面，当通过一个注释时可单独使用
$\checkmark$	扩展图形符号，用去除材料的方法获得的表面，仅当其含义是"被加工表面"时可单独使用
$\checkmark$	扩展图形符号，不去除材料的表面，也可用于表示保持上道工序形成的表面，不管这种状况是通过去除材料还是不去除材料形成的

符号	含义
	完整图形符号，当要求标注表面结构特性的补充信息时，应在基本图形符号或扩展图形符号的长边上加一横线
	工件轮廓各表面的图形符号，当在某个视图上组成封闭轮廓的各表面有相同的表面粗糙度要求时，应在完整图形符号上加一圆圈，标注在图样中工件的封闭轮廓线上。如果标注会引起歧义时，各表面应分别标注

四、表面结构代号及在图样上的标注

1. 表面结构代号

表面结构代号是在其完整图形符号上标注各项参数构成的，其参数标注和含义见表 8-2。

表8-2　表面结构代号标注示例及含义

符　号	含　义
$Ra\ 0.8$	表示不允许去除材料，单向上限值，默认传输带，R 轮廓，算术平均偏差为 0.8μm，评定长度为 5 个取样长度（默认），16% 规则（默认）
$Rz_{max}\ 0.2$	表示去除材料，单向上限值，默认传输带，R 轮廓，粗糙度的最大高度为 0.2μm，评定长度为 5 个取样长度（默认），最大规则
$0.008-0.8/Ra\ 3.2$	表示去除材料，单向上限值，传输带 0.008~0.8mm，R 轮廓，算术平均偏差为 3.2μm，评定长度为 5 个取样长度（默认），16% 规则（默认）
$-0.8/Ra\ 3\ 3.2$	表示去除材料，单向上限值，取样长度 0.8mm，R 轮廓，算术平均偏差为 3.2μm，评定长度为 3 个取样长度，16% 规则（默认）
$U\ Ra_{max}\ 3.2$ $L\ Ra\ 0.8$	表示不允许去除材料，双向极限值，两极限值均使用默认传输带，R 轮廓，上限值：算术平均偏差 3.2μm，评定长度为 5 个取样长度（默认），"最大规则"，下限值：算术平均偏差 0.8μm，评定长度为 5 个取样长度（默认），"16% 规则"（默认）

2.图样上的标注

要求一个表面一般只标注一次，并尽可能注在相应的尺寸及其公差的同一视图上。除非另有说明，所标注的表面结构要求是对完工零件表面的要求。标注示例见表8-3。

表8-3　表面结构要求在图样中的标注实例

说明	实例
表面结构要求对每一表面一般只标注一次，并尽可能注在相应的尺寸及其公差的同一视图上。表面结构的注写和读取方向与尺寸的注写和读取方向一致	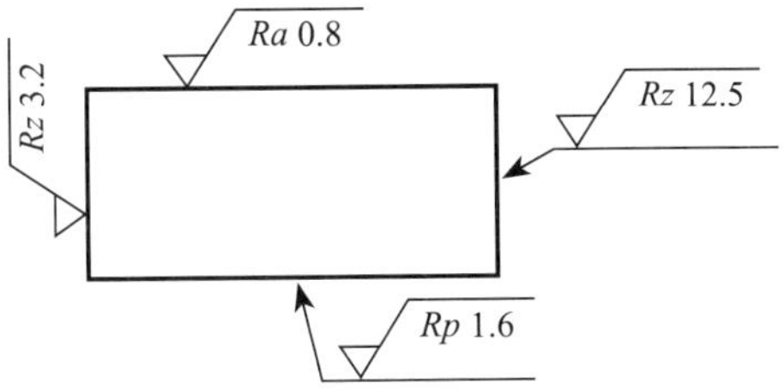
表面结构要求可标注在轮廓线或其延长线上，其符号应从材料外指向并接触表面。必要时表面结构符号也可用带箭头和黑点的指引线引出标注	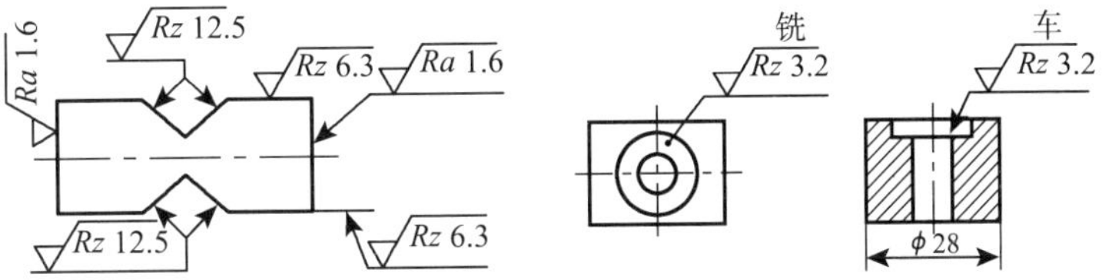
在不致引起误解时，表面结构要求可以标注在给定的尺寸线上	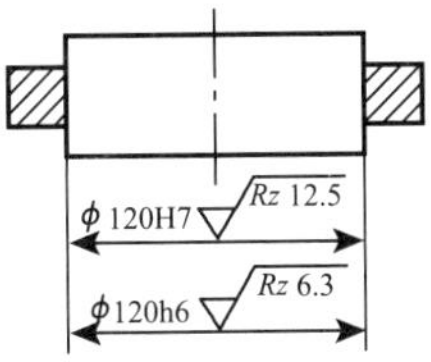
表面结构要求可以标注在几何公差框格的上方	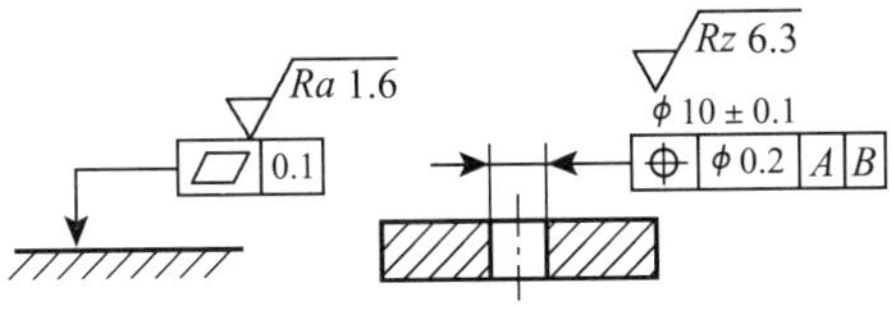

拓展提高

具有共同表面结构要求的简化标注：零件表面多数或全部具有相同表面结构要求时，可统一标注在标题栏附近。如图8-16所示，图8-16（a）表示零件全部表面；图8-16（b）、（c）表示零件多数表面；在圆括号内给出无任何其他标注的基本符号［图8-16（b）所示］；在圆括号内给出不同的表面结构要求［图8-16（c）所示］。

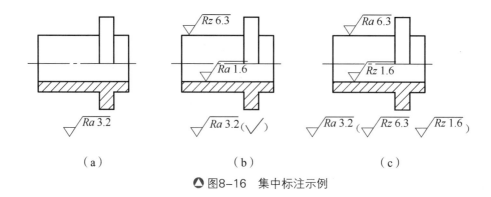

图8-16　集中标注示例

任务三　零件图的识读

任务概述

工程实际中的零件结构千变万化，但根据它们在机器（或部件）中的作用和形体特征，通过比较归纳，从总体结构上可将其大致分为轴套类零件、盘盖类零件、叉架类零件、箱体类零件等。每类零件的表达方法有共同的一面，明确相应零件的表达方法后，找出一些规律性的东西，做到举一反三、触类旁通。

本任务是对典型零件进行分析，介绍识读简单零件图的基本方法。

任务要点

1. 了解识读零件图的基本要求。
2. 掌握识读零件图的方法和步骤。
3. 使学生能熟练识看并分析典型机件的零件图。

 学习内容

一、零件图识读概述

1. 读零件图基本要求

一张零件图的内容是相当丰富的，不同工作岗位的人看图的目的也不同，通常读零件

图的主要要求为：

（1）对零件有一个概括的了解，如名称、材料等。

（2）根据给出的视图，想象出零件的形状，进而明确零件在设备或部件中的作用及零件各部分的功能。

（3）通过阅读零件图的尺寸，对零件各部分的大小有一个概念，进一步分析出各方向尺寸的主要基准。

（4）明确制造零件的主要技术要求，如表面粗糙度、尺寸公差、形位公差、热处理及表面处理等要求，以便确定正确的加工方法。

2. 读零件图的方法和步骤

读零件图的方法没有一个固定不变的程序，对于较简单的零件图，也许泛泛地阅读就能想象出物体的形状及明确其精度要求。对于较复杂的零件，则需要通过深入分析，由整体到局部，再由局部到整体反复推敲，最后才能搞清其结构和精度要求。一般而言，应按下述步骤去阅读一张零件图。

（1）看标题栏

读一张图，首先从标题栏入手，标题栏内列出了零件的名称、材料、比例等信息，从标题栏可以得到一些有关零件的概括信息。

例如图8-17所示轴架的零件图，从名称就能联想到，它是一个用于支撑轴的一个叉架类零件。从材料HT220知道，零件毛坯采用铸件，所以具有铸造工艺要求的结构，如铸造圆角、倒角、起模斜度、铸造壁厚均匀情况等。

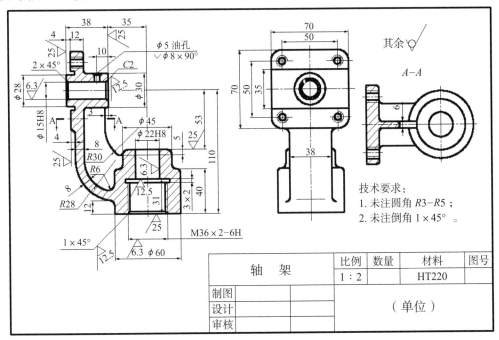

▲图8-17　轴架零件图

（2）视图选择分析

分析视图、想象零件的结构形状是最关键的一步。看图时，仍采用组合体的看图方法，对零件进行形体分析、线面分析。由组成零件的基本形体入手，由大到小，从整体到局部，逐步想象出物体的结构形状。从图8-17轴架零件图的三个视图可以看出，零件的基本结构形状由三部分构成，上面是圆筒与四棱柱的叠加，下面是两个圆柱叠加，中间由断面是T形的肋板连接，轴架是一个前后对称的机件。

想象出基本形体之后，再深入到细部。对于轴架来说，四棱柱上左边开有槽，并且有四个安装孔，圆筒上还有一个油孔；下面的叠加圆柱体上开有阶梯孔，下部还是一个普通螺纹孔，螺纹孔和光孔之间有一个螺纹退刀槽。这样就可以想象出轴架的整体形状，其外形如图8-18所示。

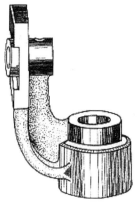

▲图8-18　轴架轴测图

（3）尺寸标注分析

分析零件图上尺寸的目的是：识别和判断哪些尺寸是主要尺寸，各方向的主要尺寸基准是什么，明确零件各组成部分的定形尺寸和定位尺寸。按上述形体分析的方法对图8-17轴架进行形体分析，长度方向的主要基准是$\phi 30$的右端面，宽度方向的主要基准是前后对称的平面，高度方向的主要基准是轴架的下端面。

（4）看技术要求

零件图上的技术要求主要有表面粗糙度，极限与配合，形位公差及文字说明的加工、制造、检验等要求。这些要求是制订加工工艺、组织生产的重要依据，要深入分析理解。

二、轴套类零件

轴主要用来支撑传动零件、传递扭矩和承受载荷的，根据结构形状的不同，轴类零件可分为光轴、阶梯轴、空心轴和曲轴等。套一般是装在轴上，起轴向定位、传动或连接作用的，用于支撑和保护转动零件或其他零件。

大多数轴套类零件是旋转体零件，轴向尺寸比径向尺寸大得多，并且根据结构和工艺的要求，轴向常有一些典型工艺结构，如键槽、退刀槽、砂轮越程槽、挡圈槽、轴肩、花键、中心孔、螺纹、倒角等结构。

1. 视图选择分析

轴套类零件主视图轴线水平放置（加工位置），便于加工时图物对照，并反映轴向结构形状，一般用一个主视图。轴类常用局部剖，套类常用全剖或局部剖、用断面图、局部放大图等表示工艺结构。如图 8-19 的轴套零件图和图 8-20 的齿轮轴零件图。

2. 尺寸标注分析

轴套类零件有轴向和径向两个方向的主要尺寸，径向尺寸的主要基准为轴线，轴向尺寸的主要基准一般选取重要定位面。如图 8-19 的轴套，轴线是径向的主要基准，右边的端面是轴向的主要基准，而 $\phi132$ 的左边端面是一个辅助基准，方便测量。

重要尺寸应直接注出，如图 8-20 所示的齿轮轴中，两处 $\phi20$ 和两处 18 和 50 都是重要尺寸，是用来安装滚动轴承和轴向定位的。轴套类零件的标准结构如倒角、倒圆、退刀槽、砂轮越程槽、键槽等，其尺寸应查阅相关标准，按规定或简化标注注出。尽量按加工的顺序来安排尺寸，并把不同工序的尺寸分别集中，对读图加工更为方便。

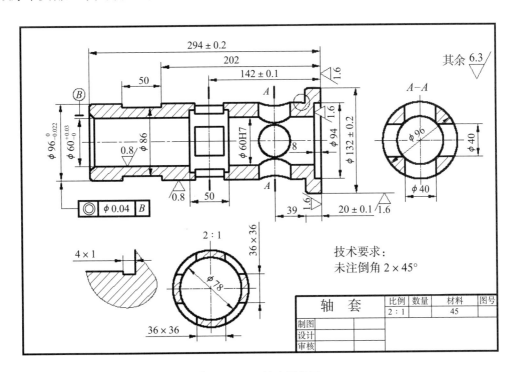

◆ 图8-19 轴套零件图

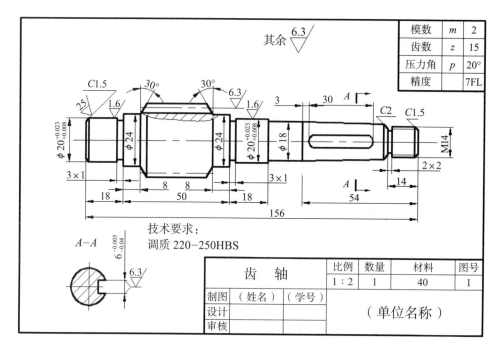

模数	m	2
齿数	z	15
压力角	p	20°
精度		7FL

技术要求：
调质 220~250HBS

齿 轴	比例	数量	材料	图号
	1：2	1	40	1

制图	（姓名）	（学号）	
设计			（单位名称）
审核			

△ 图8-20　齿轮轴零件图

3. 技术要求

有配合要求或相对位置的轴段，其表面粗糙度、尺寸公差、形位公差都有较高的要求，如图 8-20 中 $\phi 20$ 的部位是安装滚动轴承的，选用 k6，表面粗糙度 Ra 值为 1.6 μm。图 8-19 中 $\phi 96$ 与 $\phi 60$ 的轴心线有同轴度的要求。为了提高强度和韧性往往需对轴进行调质热处理，对轴套上与其他零件有相对运动的表面，为了提高其耐磨性，有时要进行表面淬火、渗碳等热处理。

三、轮盘类零件

轮盘类零件包括轮类和盘类零件。根据设计要求，轮盘类零件的主要部分通常是一组同轴线的回转体或平板拉伸体，内部多为空心结构，厚度方向的尺寸比其他两个方向的尺寸小。另外，为了加强支撑，减少加工面，以及为了和其他零件相连，常有凸缘、凸台、凹槽、键槽等结构。如图 8-21 法兰盘零件图。

1. 看标题栏

由标题栏知，该机件为法兰盘，典型的盘类零件，1：1 的比例，材料为 HT150。

2. 视图选择分析

轮盘类零件比轴套类零件复杂，只用一个基本视图不能完整地表达，因此，需要增加一个其他的视图。一般主视图按加工位置选择，另增加左（或右）一个视图表示。以反映厚度方向作为主视图投射方向，主视图常采用剖视图，表达其内部结构形状和相对位置，用左（或右）视图表示外形轮廓、孔槽结构及分布情况。零件的细小结构常采用断面图、局部视图（剖视图）或局部放大图表示。

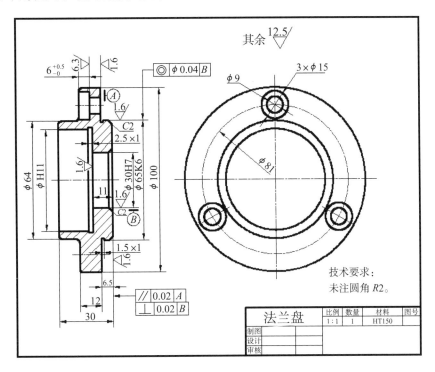

● 图8-21　法兰盘零件图

3. 尺寸标注分析

轮盘类零件标注尺寸时，通常选用通过轴孔的轴线作为径向尺寸基准。如图 8-21 所示的法兰盘，它的径向尺寸基准同时也是标注方形凸缘大小的高、宽方向的尺寸基准。长度方向的主要尺寸基准，常选用经过加工并与其他零件有较大接触面的端面，如图 8-21 所示的右端面，而 ϕ100 的左、右两个端面分别是测量基准，即辅助基准。

4. 技术要求

有配合要求的表面和起定位作用的表面，其表面粗糙度值要低，尺寸精度要求高，如图 8-21 中的 ϕ30H7 和 ϕ65k6，表面粗糙度 Ra 值为 1.6 μm，ϕ65k6 与 ϕ30H7 有同轴度要求 ϕ0.04 等。

四、叉架类零件的表达方法

叉架类零件包括各种用途的拨叉和支架。拨叉主要用在机床、内燃机等各种机器的操纵机构上操纵机器、调节速度。支架主要起支撑和连接作用。

与轴套类和盘盖类零件相比，叉架类零件的结构形状没有一定的规则，根据零件在机器上的作用和安装要求，大多数叉架类零件的主体部分都可以分为工作、固定以及连接三大部分，且多为不对称零件，具有凸台、凹坑、铸（锻）造圆角、拔模斜度等常见结构，如图 8-22 所示。

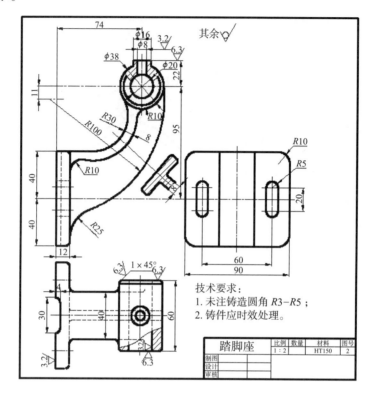

技术要求：
1. 未注铸造圆角 R3-R5；
2. 铸件应时效处理。

踏脚座	比例	数量	材料	图号
	1:2		HT150	2
制图				
设计				
审核				

⬤ 图8-22　踏脚座零件图

1. 看标题栏

由标题栏知图 8-22 为踏脚座的零件图，叉架类零件的结构形状一般比较复杂，一般都具有肋、板、杆、筒、座、凸台、凹坑等结构。

2. 视图的选择

主视图表达了安装板、工作圆筒和连接板与肋的形体特征和上下左右的相对位置关系，俯视图反映支架各部分的前后对称关系，这两个视图以表达外形为主，并分别用局部剖视图表示其圆孔的内部形状。此外，图 8-22 采用了一个局部视图和一个移出断面来表达安装板的左端面和肋板的截面形状。

3. 尺寸标注分析

标注叉架类零件尺寸时，通常选用主要孔轴线、对称平面、较大主要加工面、结合面作为尺寸基准。如图 8-22 的踏脚座，选用安装板左端面作为长度方向的尺寸基准，选用安装板的水平对称面作为高度方向的主要尺寸基准。从这两个基准出发，分别注出 74、95，定出轴承孔的轴线位置，即长度和高度方向的辅助基准；宽度方向的尺寸基准是前后方向的对称平面，由此在俯视图上注出 30、40、60 以及在局部视图中注出 60、90。

4. 技术要求

叉架类零件对支撑孔常有要求表面粗糙度值低，尺寸精度高，如 $\phi 20$ 表面粗糙度 Ra 值为 $3.2\,\mu m$。还用文字说明毛坯的铸造要求。

五、箱体类零件的表达方法

箱体零件作为机器或部件的基础件，毛坯多为铸件，工作表面采用铣削或刨削，箱体上的孔系多采用钻、扩、铰、镗。将机器及部件中的轴、轴承和齿轮等零件按一定的相互位置关系装配成一个整体，并按预定的传动关系协调其运动。

箱体的种类很多，其主要结构是由均匀的薄壁围成不同形状的空腔，空腔壁上还有多方向上的孔，以达到容纳和支撑作用。另外，还具有加强肋、凸台、凹坑、铸造圆角、拔模斜度、安装底板、安装孔等常见结构，如图 8-23 所示。

1. 看标题栏

由标题栏知，该机件为泵体，1:2 的比例，材料为 HT220。

2. 视图选择

箱体类零件由于结构复杂，加工位置变化也较多。表达箱体类零件一般需要三个以上的基本视图或向视图，并根据箱体结构特点，选取合适的剖视图、局部视图等表达方法，表示其内外结构和形状。如图 8-23 所示的泵体，按照工作位置选择了主视图，并采用了全剖表达泵体的形状、结构特征及其内部形状和各部分的相对位置；为了表示泵体侧面的内外特征，采用了局部剖的俯视图；左视图是泵体的外形图。

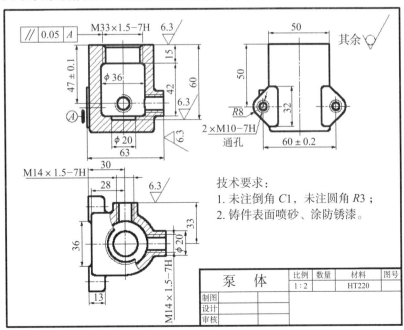

◆ 图8-23 泵体零件图

3. 尺寸标注分析

泵体长度方向的主要尺寸基准是安装板的端面；宽度方向的主要尺寸基准是泵体的前后对称面；高度方向的主要尺寸基准是泵体的上端面。47±0.1、60±0.2 是重要尺寸，加工时必须保证。

4. 技术要求

从进出油口及顶面尺寸 M14×1.5-7H 和 M33×1.5-7H 可知，它们都属于细牙普通螺纹，同时这几处端面粗糙度 Ra 值为 6.3μm，要求较高，以便对外连接紧密，防止漏油。泵体的轴心线与安装板的端面有平行度公差要求。

 拓展提高 •

在零件图中常见的机械加工工艺结构：

1. 倒角和倒圆

为了除去零件加工后留下的毛刺和锐边，以便对中装配，常在轴、孔的端部加工出倒角。为了避免轴肩处因应力集中而产生裂纹，常在轴肩处加工成过渡圆角，如图 8-24 所示。

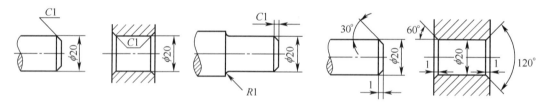

🔺 图8-24　倒角和倒圆

2. 退刀槽和越程槽

退刀槽和砂轮越程槽的结构是为了加工时便于退出刀具或砂轮，以及零件的轴向定位。其表达方法和尺寸标注如图 8-25 所示。

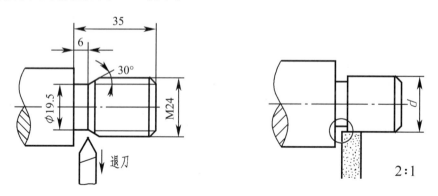

🔺 图8-25　退刀槽和越程槽

单元九
焊接结构装配图

单元概述

　　焊接结构装配图是指具有焊接结构，并用焊接符号或文字说明焊接技术要求的装配图。根据它所表达的焊接构件不同，焊接结构装配图种类较多，但它是机械装配图的一个分支，识读方法与普通机械装配图基本相同。

　　本单元我们将学习绘制和识读焊接结构装配图的基本知识，认识不同焊接构件的装配图，介绍焊接结构装配图的识读方法。

任务一　焊接结构装配图概述

任务概述

　　焊接结构装配图是指导焊接生产的技术性文件，能否正确识读焊接装配图，将直接影响焊接构件的生产质量和效率。焊接结构装配图与机械装配图相比，增加了焊接专业方面的内容，如焊缝符号、焊接技术要求等。

　　焊缝知识与标注已在第七单元学习过，本任务主要是学习焊接结构装配图的内容、绘制与识读的基础知识。

任务要点

1. 了解焊接结构装配图的概念和组成。
2. 熟悉焊接装配图的绘制、识读的基础知识。
3. 使学生能结合不同的设备进行综合分析、识读焊接结构装配图。

 学习内容

一、焊接结构装配图的内容

焊接结构装配图与普通机械装配图相类似，如图 9-1 所示。装配图一般包含以下内容：

1. 一组视图

焊接装配图可以运用必要的视图和各种表达方法，完整清晰地表达焊接结构件各组成件之间的相互位置关系和焊接连接关系，以及主要零件的基本结构形状。

2. 必要的尺寸

在焊接装配图中必须标注足够的尺寸，以表达焊接结构件的外形大小、各个零件之间的相对位置，表达各个构件的结构大小、其上结构（如孔、槽）的形状和位置。

3. 焊缝符号

在焊接装配图中必须标注所有焊缝的焊缝符号，并符合国家标准的有关规定。焊缝符号一般标注在图形上，也可以将焊缝要求用文字的形式标注在技术要求中。

4. 技术要求

为满足焊接构件的性能和使用要求，对焊接构件的制造、装配、检验、调试等方面提出了严格和明确的规定。焊接装配图中用代号或文字注写出焊接构件的各项质量要求，如焊缝质量、表面结构、热处理以及尺寸公差、形位公差等。

5. 标题栏、明细栏、零件编号

在焊接装配图的右下角绘制标题栏，标题栏的主要内容包括单位名称、图样名称、图样代号、比例，以及制图、设计、审核人员等责任人签名和日期。

为了便于看图和生产管理，在焊接装配图中必须对每一种零件或构件进行编号，并在标题栏上方绘制明细栏，在明细栏中按编号填写零件或构件的名称、材料、数量以及标准件的规格尺寸。

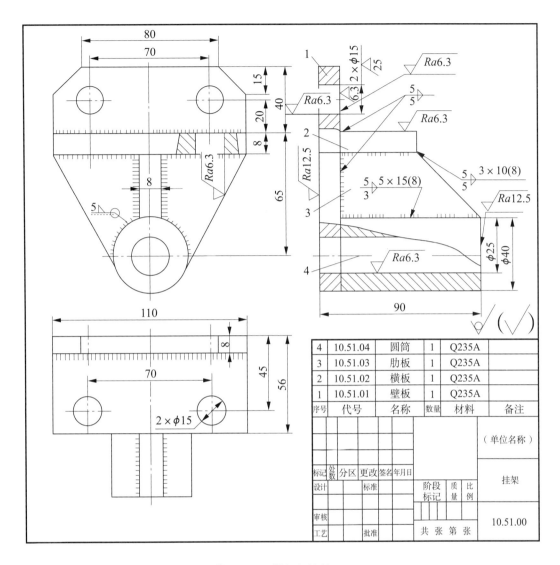

图9-1　挂架焊接装配图

二、装配图的表达方法

　　焊接装配图是焊接生产中重要的技术文件。它表示零件或部件的形状、装配关系、工作原理和技术要求。同普通装配图一样，在设计时，一般先画出装配图、根据装配图绘制零件图；装配时，则根据装配图把零件装配成部件或机器。

　　为更好地掌握焊接装配图的结构与构件相互关系，了解装配图的一些表达方法很有必要。

　　1. 装配图的规定画法

　　（1）相邻零件的接触面或配合面规定只画一条线，不接触表面无论间隙大小均应画两条线，如图 9-2 所示。

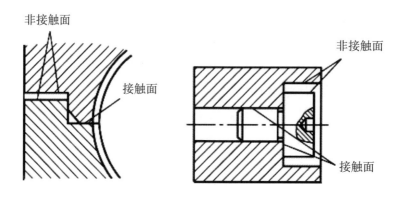

◆图9-2　接触面与非接触面

（2）相邻两零件的剖面线应方向相反或方向相同而间隔不等，但同一零件各视图中的剖面线应一致。

几个相邻零件的剖面线可以同向，但要改变剖面线的间隔（密度）或把两件的剖面线错开。在图 9-3 中，套和箱体的剖面线方向相同，但剖面线间隔不同。

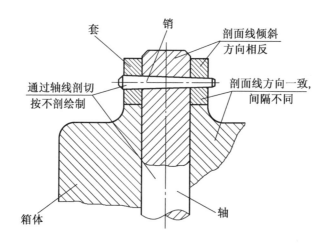

◆图9-3　装配图剖面线画法

（3）若紧固件和实心杆件（如螺钉、螺栓、键、销、球及轴等）的剖切平面通过它们的基本轴线，则这些零件均按不剖绘制，如图 9-4 所示。

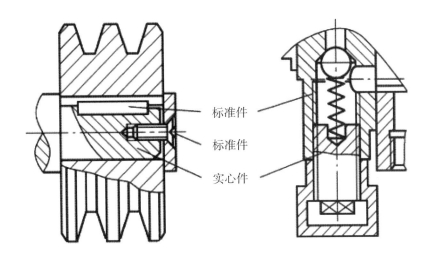

标准件

标准件

实心件

△ 图9-4 装配图中剖面线及实心杆件的画法

2. 装配图的尺寸标注

在装配图上标注尺寸与在零件图上标注尺寸的目的不同,因为装配图不是制造零件的直接依据,所以在装配图中无须标注零件的全部尺寸,只需注出下列几种必要的尺寸:

(1)规格(性能)尺寸　表示机器或部件性能(规格)的尺寸,在设计时已经确定,也是设计、了解和选用该机器或部件的依据,如图9-1中的$\phi 25$。

(2)装配尺寸　表示装配体零件之间的配合尺寸和装配时零件之间的相对位置尺寸。

(3)安装尺寸　装配体在安装时所需要的尺寸,表示将部件(零件)安装到机器(部件)上所需尺寸,如图9-1中竖板的两个安装孔的定位尺寸70、20。

(4)外形尺寸　装配体外形轮廓所占空间的最大尺寸,即装配体的总长、总宽、总高的尺寸。这是装配体在包装、运输、厂房设计时所需的尺寸,如图9-1中的110、90。

(5)其他重要尺寸　指在设计中经过计算或根据需要而确定的重要尺寸,如运动零件的极限位置尺寸,如图9-8(a)中锁紧手柄左右摆动角度各为45°。

三、装配图的零件序号明细栏

1. 序号

装配图的序号是由指引线、小圆点(或箭头)和序号数字所组成的,如图9-5所示。

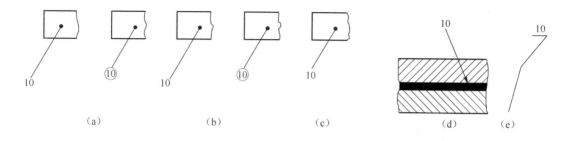

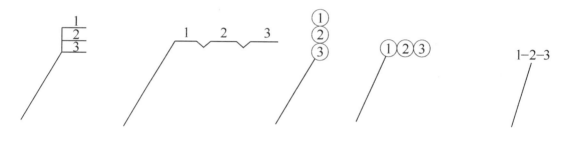

△图9-5　序号的组成

（1）指引线从零件或组件可见轮廓内（画一小黑点）引出，互不相交。若不便在零件轮廓内画出小黑点，可用箭头代替，箭头指在该零件轮廓线上，如图9-5（d）所示。

（2）指引线不与轮廓线或剖面线平行，必要时可转折一次，如图9-5（e）所示。

（3）标准化组件（油杯、滚动轴承、电动车等）可视为一整体，只编写一个序号。对一组紧固件可共用一条指引线，如图9-6所示。

△图9-6　公共指引线

2. 明细栏

明细栏是装配体全部零件的详细目录，格式如图9-7所示。

（1）序号　自下而上，若位置受限制，可移到标题栏左边。明细栏的序号与零部件序号一致。

（2）代号　注写每一个零件的图样代号或标准件的标准代号。

（3）名称　注写每一个零件名称，若是标准件，应注出规定标记中除标准号以外其他内容。

（4）材料　填写制造该零件所用材料，如图9-1中的竖板用Q235A。

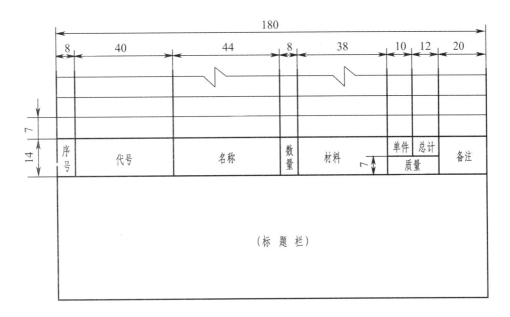

▲ 图9-7　明细栏

拓展提高

　　在装配图中，还有很多种特殊画法，如拆卸、假想、夸大画法等。在图9-8中，对于运动零件的运动范围和极限位置，可用双点画线来表示或用尺寸表示，称为运动极限位置表示法，属于假想画法的一种。

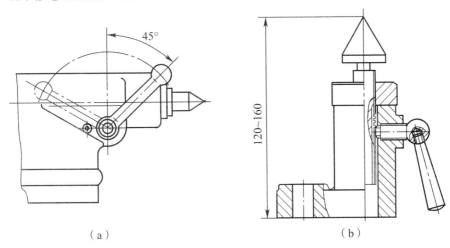

（a）　　　　　　　　　　（b）

▲ 图9-8　运动极限位置表示法

任务二　焊接装配图的识读

任务概述

读装配图是工程技术人员必备的一种基本能力，在设计、装配、调试设备以及进行技术交流时，都要读装配图。准确熟练识读焊接装配图，也是焊接技术工人必须具备的基本功之一。

本任务介绍识读焊接装配图的目的与方法，通过识读装配图，想象出焊接结构件的形状、了解焊件的尺寸和技术要求，明确与焊接有关的问题，并在焊接生产中严格遵守有关规定。

任务要点

1. 了解读焊接装配图的目的与方法。

2. 掌握焊接装配图的识读步骤。

3. 培养学生能初步识看焊接装配图，综合分析焊接结构件。

学习内容

作为一名焊工，除了学习机械制图的相关知识外，必须了解焊接装配图与一般装配图的不同，如在焊接装配图中的坡口与接头形式、焊接方法、焊接材料等内容。

一、读焊接装配图的目的与方法

1. 读图的目的

（1）看标题栏和明细栏，了解焊接结构件的名称、材质、焊接件的板厚、焊缝长度、结构件的数量等。

（2）看焊接结构视图，了解焊缝符号标注内容，包括坡口形式、坡口深度、焊缝有效厚度、焊脚尺寸、焊接方法和焊缝数量等。

（3）分析各部件间的关系，以及焊接变形趋势，分析确定合理的组装和焊接顺序。

（4）通过想象分析焊缝空间位置，判断焊缝能否施焊，以便为焊接确定较为适宜的焊接位置。

（5）分析焊缝的受力状况，明确焊缝质量要求，包括焊缝外观质量、内部无损检测质量等级和对焊缝力学性能的要求。

（6）选择适宜的焊接方法和焊接材料，确定合理的焊接工艺。

（7）了解对焊缝的其他技术要求，例如焊后打磨、后热、焊后热处理和锤击要求等。

2. 读图的方法和步骤

按识读装配图的一般顺序，全面概括了解焊件总装图，识读顺序大致如下：

标题栏→零件明细表→主视图、俯视图→侧视图→其他视图→技术要求→设备性能。

具体的识读焊接装配图步骤应包括以下方面：

（1）概括了解　从标题栏或有关产品说明书了解装配体名称，大致用途；从明细栏和图中序号了解装配体上各零件名称、数量和所用材料及标准件规格，初步判断装配体的复杂程度；从绘图比例及标注的外形尺寸了解装配体的大小。

（2）分析视图　了解各视图的名称、剖视的剖切位置以及各视图的投影对应关系和表示目的。首先从主视图入手，分析各个零件的形状、作用，弄懂焊接构件和其他零件的关系。

（3）分析工作原理　分析图中各零部件之间的位置、焊装关系（运动关系、配合关系、连接方式、其他定位密封）。对于总装或部装图，还可以分析设备的作用及工作原理、性能参数。

（4）看懂焊缝符号　了解基本焊接零件有哪几个，领悟焊接零部件的结构形状特征。分析焊缝有几处，焊缝符号的含义。分析本焊接结构施工工艺上可能的变形、尺寸误差。图上所标定的焊接技术要求如何满足和检验方法。

（5）分析尺寸及技术要求　在概括了解分析视图及焊缝符号基础上，对尺寸、技术要求进行分析，然后综合分析焊接装配图的各项内容，对焊接结构件的结构形状、用途等有一个较完整、明确的认识。

通过上述方法和步骤，一般可对焊接结构有所了解。但对于某些比较复杂的结构，通常需要对视图、尺寸、技术要求、标题栏与明细栏等进行反复对照、分析，以及参考有关技术资料和相关图样，才能彻底读懂。

二、识读图例

如图9-9所示焊接装配图，我们一起分析一下：

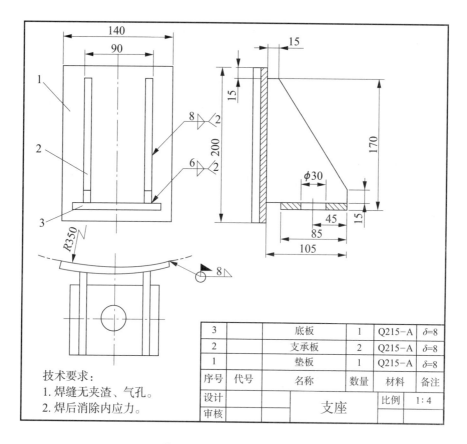

技术要求：
1. 焊缝无夹渣、气孔。
2. 焊后消除内应力。

3		底板	1	Q215-A	δ=8
2		支承板	2	Q215-A	δ=8
1		垫板	1	Q215-A	δ=8
序号	代号	名称	数量	材料	备注
设计		支座		比例	1：4
审核					

▲ 图9-9　支座焊接装配图

1. 概括了解

图为支座结构，比例为 1：4，由一块垫板、一块底板、两块支承板共 4 个基本件组焊而成，组成支座的所有件均为板材，厚度为 8mm，材料为 Q235A。

2. 分析视图

为了表达支座结构，采用了主视图、俯视图、左视图三个视图，表达了组成该构件的结构形状和尺寸、各组成件的位置关系及位置尺寸。

观察主视图，参照俯、左视图可看出支座各基本件位置关系。有两块支承板 2 对称放置在竖直放置的垫板 1 的前方，垫板对其起到支撑作用。两块支承板 2 的下方由水平放置的底板 3 将其相连。左视图采用全剖，表达了底板 3 上的孔结构。由俯、左视图可看出垫板 1 为弧形板，底板上制有一孔。

3. 分析工作原理

该焊接结构只有四个构件，且相对位置明确直观，焊接成型后，通过弧形的垫板与其他构件焊接固定后，该支座可以起支撑作用。

4. 看懂焊缝符号

在该焊接装配图中，焊缝符号共有三个：

在主视图中，两块支承板与垫板之间，有两条相同的双面角焊缝，焊脚尺寸是 8mm；底板与支承板之间也是有两条相同的双面角焊缝，焊脚尺寸是 6mm。

在俯视图中，支座安装时，垫板与弯曲半径为 $R350mm$ 的其他构件采用现场焊接，焊缝符号表示四周全部焊接的角焊缝，焊脚尺寸是 8mm。

其他技术要求：焊缝无夹渣、气孔，焊后消除内应力。

5. 尺寸要求及技术要求

支座总高 200mm，总长 140mm，宽度方向的主体尺寸为 105mm。垫板 1 为弧形板，弯曲半径 $R350mm$，弦长 140mm，高 200m；支撑板 2 为三角形 105mm×170mm，定位尺寸为 90mm、15mm；底板 3，矩形宽 85mm，其上 $\phi30$ 孔的定位尺寸为 45mm。

其他技术要求：焊缝无夹渣、气孔；焊后中温回火，消除内应力。

拓展提高

关于焊缝符号，除了单元七要求的以外，在焊接装配图中，当若干条焊缝相同时，可采用公共指引线标注。

关于焊缝尺寸，还有其他的规定：

1. 确定焊缝位置的尺寸不在焊缝符号中标注，应将其标注在图样上。

2. 在基本符号的右侧无任何尺寸标注又无其他说明时，意味着焊缝在工件的整个长度方向上是连续的。

3. 在基本符号的左侧无任何尺寸标注又无其他说明时，意味着对接焊缝应完全焊透。

4. 塞焊缝、槽焊缝带有斜边时，应标注其底部的尺寸。

任务三 座架、梁柱类焊接装配图的识读

任务概述

焊接构件按结构和用途划分，大体分为以下几个大类：座架类、梁柱类、容器类、船舶类、起重机等工程机械类，所以焊接装配图种类繁多，它们的焊接装配图的识读要结合设备类型、使用场所、用途、材料等情况综合分析。

本任务我们将学习座架和梁柱类构件焊接装配图的识读方法。

任务要点

1. 了解座架和梁柱类焊接构件的用途及特征。
2. 掌握座架、梁柱类焊接装配图的识读方法。
3. 学生能根据焊接装配图，正确识读并把握形体特征及工艺要求。

学习内容

一、座、架类焊接装配图的识读

1. 座、架类构件

底座、支架类焊接件是机械或设备中起支持、承重作用的基础构件，因材料受力较大，要求结构稳定性好。如图9-10所示底座与支架，其组成件大多数为矩形、三角形的钢板和各类套筒，经焊接组合而成，各种底板或立板上具备安装孔，套筒内径一般要求较高，需进一步精加工。

▲ 图9-10 底座与支架

2. 识读图例

座、架类焊接装配图的识读，我们结合图 9-11 单轴支架的焊接装配图加以说明。

（1）概括了解　由标题栏可以看出，该焊接结构的名称是单轴支架，主要用来支撑工作轴。从明细栏中可知，该支架的结构由四种零件组成，分别是底板、立板、盖板和套圈。

（2）分析视图　该焊接结构件共用了主、俯、左三个视图。主视图为全剖视图，表达了立板上套圈的内部结构。俯视图为外形图，左视图为局部剖视图，展示了底板上 φ17 的孔。

该装配体以板状零件为主，其中的底板、立板、盖板均为矩形板状零件，选用 Q235A 的钢板按图中尺寸切割加工而成。套圈为环状零件，与立板焊接在一起，且数量为两个。

（3）分析工作原理　经整体分析，该支架由四种零件组焊后，再机加工而成，其中的套圈焊在立板上，盖板焊在立板的上方，将两块立板连接起来，提高了支架的强度与刚度。立板底部又与底板焊为一个整体，构成单轴支架。单轴支架在工作时，常与连杆、摆杆一类的零件用插销轴连接在一起，构成铰链式支座。

（4）看懂焊缝符号　在主视图上的两个相同焊缝符号，表示两个立板与底板之间为双面对称角焊缝，焊脚尺寸为 5mm。即立板左右均需焊接，沿箭头所指位置的立板长度方向（40mm）焊满。在左视图中的，上方的焊缝符号表示立板与盖板为两条单面角焊缝，焊脚尺寸为 2.5mm，沿盖板与立板的边缘焊满。下方的焊缝符号表示套圈与立板为焊脚尺寸为 6mm 的周围双面角焊缝。

（5）分析尺寸及技术要求　在图 9-11 中，该装配体的几何尺寸不大，长 95mm、宽 65mm、高 96mm。套圈的内孔直径为 φ12mm，公差要求为 H7，外径尺寸为 φ20mm，左右端面有粗糙度要求，其值为 Ra2.5μm。由技术要求知，左右套圈内孔还有同轴度要求，其值不得超过 φ0.05mm，可知套圈内孔在焊后需要精加工。

二、梁、柱类焊接装配图的识读

1. 梁、柱类构件

在日常生活和工业生产中，例如车间厂房建设、机械设备支撑、各类塔架等，会用到很多梁、柱类焊接构件，它们大多采用钢板和横截面结构形状不同的型钢，如工字钢、槽钢、箱型或方钢、异型钢等焊接组合而成。如图 9-12 所示的钢架结构就含有很多的梁与柱。

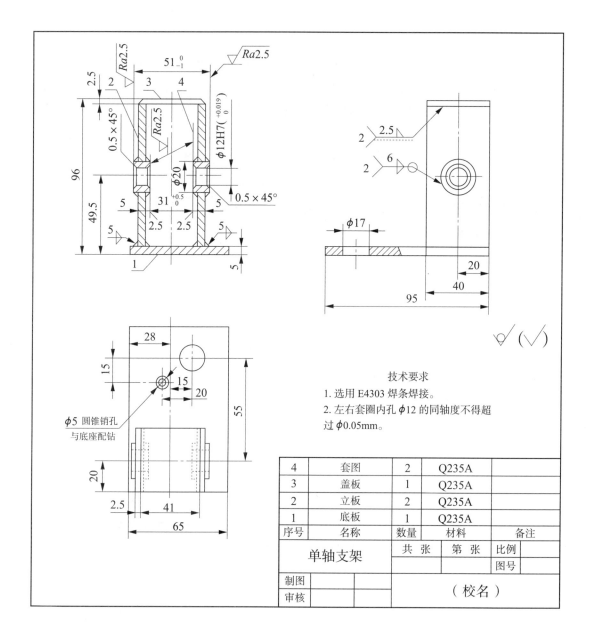

4	套图	2	Q235A	
3	盖板	1	Q235A	
2	立板	2	Q235A	
1	底板	1	Q235A	
序号	名称	数量	材料	备注

技术要求
1. 选用 E4303 焊条焊接。
2. 左右套圈内孔 ϕ12 的同轴度不得超过 ϕ0.05mm。

🔺 图9-11　单轴支架

2. 识读图例

梁、柱类焊接装配图的识读过程，与座、架类焊接装配图的识读过程基本相同。下面我们结合图 9-13 立柱的焊接装配图加以说明。

（1）概括了解　由标题栏可以看出，该焊接结构的名称是立柱，属于梁柱类结构，主要起支撑作用。从明细栏中可知，该立柱的结构较为简单，由顶板、连板、立柱、肋板、立板、底板共六种零件组成。

△ 图9-12　钢架结构

（2）分析视图　表达该焊接结构件共用了主、俯、左三个视图。主、左视图均为外形图，俯视图为全剖视图，主要表达各个零件的形状和它们之间的位置关系。从图 10-13 中可以看出，立柱的主要零件为两根槽钢，上面有一块顶板（$10 \times 180 \times 220$），下面有一块底板（$10 \times 360 \times 400$）。在槽钢上，每隔 540mm 焊接了一块连板（$6 \times 100 \times 180$），在该立柱上共焊接了十块连板。在立柱的底部，前、后各焊接一块立板（$t = 6$）和四块肋板，他们的存在保证立柱的稳定性。

（3）分析工作原理　该立柱由槽钢和钢板焊接而成，槽钢的型号和钢板的厚度等在明细栏中进行了标注，焊接成型后，总高为 3000mm，作为各类设备或建筑物的支撑件可以发挥较好的作用。

（4）看懂焊缝符号　从主视图上可以看出，中间的连板和槽钢之间为周围角焊缝，焊脚尺寸为 3mm。其余焊缝的要求标注在技术要求中，均为角焊缝，焊脚尺寸为 3mm。

（5）分析尺寸及技术要求

在图 9-13 中，标注了槽钢的宽度尺寸 160mm 和确定两根槽钢相对位置的尺寸（200 ± 2）mm；标注了每块钢板的定形尺寸，如连板的长 180mm、高 100mm、宽 6mm；还标注了连板的定位尺寸 540mm。

在图中有两个尺寸标注了尺寸公差，还有两项几何公差要求标注在焊接图的右下方的技术要求中。

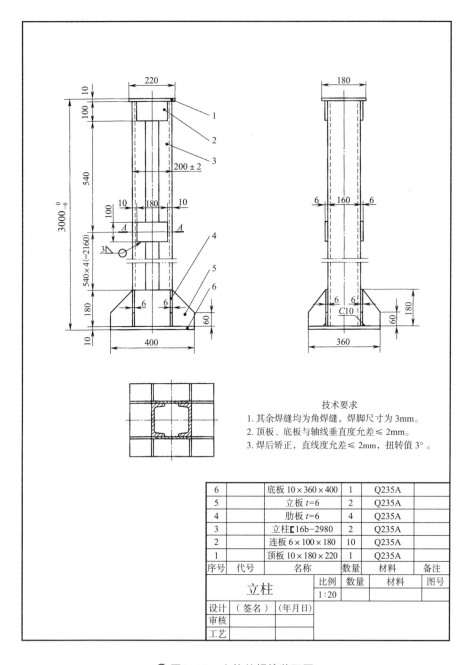

6	底板 $10 \times 360 \times 400$	1	Q235A	
5	立板 $t=6$	2	Q235A	
4	肋板 $t=6$	4	Q235A	
3	立柱[16b-2980	2	Q235A	
2	连板 $6 \times 100 \times 180$	10	Q235A	
1	顶板 $10 \times 180 \times 220$	1	Q235A	
序号	代号	名称	数量	材料	备注

技术要求
1. 其余焊缝均为角焊缝，焊脚尺寸为3mm。
2. 顶板、底板与轴线垂直度允差 ≤ 2mm。
3. 焊后矫正，直线度允差 ≤ 2mm，扭转值3°。

立柱		比例	数量	材料	图号
		1:20			
设计	(签名)	(年月日)			
审核					
工艺					

🔺 图9-13　立柱的焊接装配图

拓展提高

　　钢桁架是由杆件通过焊接、铆接或螺栓连接而成的支撑横梁结构。钢桁架一般具有三角形单元的平面或空间结构，桁架杆件主要承受轴向拉力或压力，从而能充分利用材料的强度，在跨度较大时可比实腹梁节省材料，减轻自重和增大刚度，如图 9-14 所示。

　　根据钢桁架的具体情况，首先尽量分解成若干个部件，在内场加工、焊接。部件全部完成后运到桁架工地组装、焊接。钢桁架角焊缝多，对接焊缝要开坡口、双面焊，确保焊透。

▲图9-14　钢桁架

任务四 锅炉及压力容器类焊接装配图的识读

任务概述

　　锅炉是一种能量转换设备，锅炉包括锅和炉两大部分。锅炉中产生的热水或蒸汽可直接为工业生产和人民生活提供所需热能，也可通过蒸汽动力装置转换为机械能。在化学工业中，绝大多数生产过程是在化工设备内进行的，这些化工设备，很多是一些压力容器，有的用来储存物料，有的进行物理过程。

　　锅炉和很多化工设备尽管尺寸大小不一，形状结构各不相同，内部结构更是多种多样，但它们都有一个外壳，这个外壳就称之为容器。本任务介绍锅炉及压力容器类焊接装配图的识读。

任务要点

1. 了解锅炉及压力容器的基础知识。
2. 掌握容器类设备焊接装配图的识读要领。

 **学习内容**

一、容器概述

容器属于板壳结构，承受较大的内部压力或外部载荷，因而要求焊接接头具有良好的气密性，例如锅炉、管道、化工容器、大型储运罐等，如图9-15所示。

🔺图9-15　锅炉及压力容器结构

1. 容器的分类

容器常见的分类方法如下。

（1）按形状分类　　主要有球形容器、圆筒形容器、圆锥形容器三类。压力容器主要为圆柱形，通常由筒体、封头、接管、法兰等零件和部件组成，压力容器工作压力越高，筒体的壁就应越厚。

（2）按容器在生产中的作用分类

反应容器：用于完成介质的物理、化学反应。

换热容器：用于完成介质的热量交换。

分离容器：用于完成介质的流体压力平衡缓冲和气体净化分离。

储存容器：用于储存、盛装气体、液体、液化气体等介质。

在一种压力容器中，如同时具备两个以上的工艺作用原理时，应按工艺过程中的主要作用来划分品种。

（3）按设计压力大小分类

常压容器：$p < 0.1$ MPa。

低压容器：0.1 MPa $\leq p < 1.6$ MPa。

中压容器：1.6 MPa $\leq p < 10.0$ MPa。

高压容器：10 MPa $\leq p < 100$ MPa。

超高压容器：$p \geq 100$ MPa。

2. 容器的结构

压力容器一般由筒身（体）、封头（端盖）、法兰、接管、人（手）孔、支座等零件组成，如图 9-16 所示。

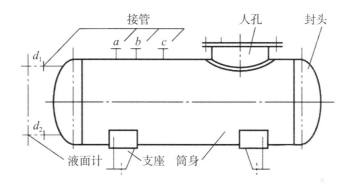

▲图9-16　压力容器基本结构示意图

（1）筒身（体）　筒体广泛采用轴对称的圆筒形，对于焊接筒体，公称直径指的是其内径。当直径小于 500mm 时，可采用无缝钢管制作；当直径不小于 500mm 时，采用钢板卷制焊接而成。

（2）封头　凡与筒体焊接连接而不可拆的称为封头，与筒体及法兰连接而可拆的称为端盖。

（3）法兰　起连接作用，法兰连接是由法兰、螺栓、螺母及密封元件所组成。

（4）接管　容器的接管较多，按形式可分为螺纹式接管、法兰接管、平法兰接管；按用途的不同可分为人孔接管、手孔接管、压力表接管、安全阀接管、排污管、进出料管等。

（5）支座　用于支承容器重量并将它固定在基础上的附加部件，结构形式一般分为三大类：立式容器支座（耳式、支承式、裙式及腿式）、卧式容器支座（鞍式、圈式、支承式）、球形容器支座（裙式或柱式）。

（6）其他附件　压力容器还包括扶梯、平台、吊钩等外部设施以及加强圈、换热管、分离器等内部构件。

二、图例识读

1. 锅炉类焊接装配图

锅炉分汽缸也叫分汽包，它是蒸汽锅炉的主要配套设备，广泛用于发电、石油化工、钢铁、水泥、建筑等行业。现代锅炉主要依靠分汽缸来实现汽、水分离。

锅炉分汽缸的焊接装配图如图 9-17 所示，下面对该图进行识读分析。

（1）概括了解　由图 9-17 标题栏可以看出，该焊接结构的名称为锅炉分汽缸，属于压力容器，该结构由八种零件组成，分汽缸主要受压元件为封头、筒体等。

（2）分析视图　该焊接结构件用了主、左两个视图，主要表达外形。从图 9-17 可以看出，锅炉分汽缸主要由筒体左部、筒体右部和左右封头组成。在容器的上面焊接了进汽口和出汽口，在容器的下面焊接了排污管，在容器的右侧上部焊接了压力表座，在容器的下部焊接了两个鞍式支座。

（3）分析工作原理　该分汽缸用于把锅炉运行时所产生的蒸汽分配到各路管道中去，分汽缸系承压设备，其承压能力、容量应与配套锅炉相对应。

（4）看懂焊缝符号　分汽缸的封头与筒体采用了焊接性能较好的 Q345R，它们之间的焊缝采用埋弧焊，其他零件采用 Q235A，筒体和它们之间的焊缝采用焊条电弧焊。

在主视图上的左右侧，封头与筒体的焊缝符号表示：焊缝的坡口角度为 60°，钝边高度为 $p=2mm$，根部间隙为 $b=2mm$，封底焊，焊接方法为埋弧焊。

在主视图上，排污管的焊缝符号含义为：周围角焊缝，焊脚尺寸为 5mm，焊接方法为焊条电弧焊。

在左视图中，筒体与支座的焊缝符号表示：双面角焊缝，焊脚尺寸为 8mm，焊接方法为焊条电弧焊。

（5）分析尺寸及技术要求　该焊接装配图为装配简图，筒体及封头的定形尺寸标注的比较齐全，如：长度 2100mm+800mm、直径 ϕ800mm 和板厚 10mm，筒体右部的长度为 1600mm 等。在筒体上焊接的进汽口、出汽口、压力表接管、排污管、支座的定位尺寸标注齐全，但是为了使图样简练而清楚地表达焊缝位置和焊缝符号，没有标注进汽口、出汽口、压力表接管、排污管、支座的定形尺寸。

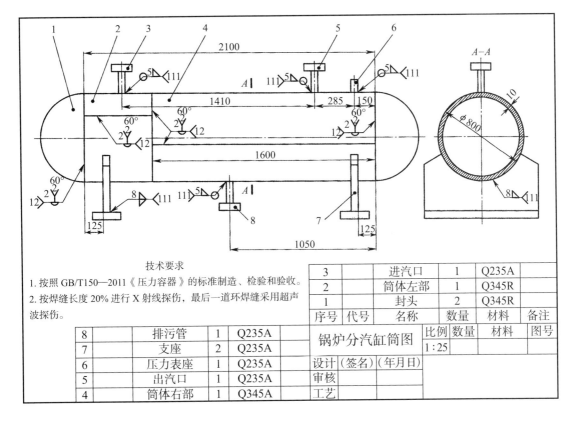

技术要求

1. 按照 GB/T150—2011《压力容器》的标准制造、检验和验收。
2. 按焊缝长度 20% 进行 X 射线探伤，最后一道环焊缝采用超声波探伤。

3		进汽口	1	Q235A	
2		筒体左部	1	Q345R	
1		封头	2	Q345R	
序号	代号	名称	数量	材料	备注

8	排污管	1	Q235A	锅炉分汽缸筒图	比例	数量	材料	图号
7	支座	2	Q235A		1:25			
6	压力表座	1	Q235A	设计	(签名)	(年月日)		
5	出汽口	1	Q235A	审核				
4	筒体右部	1	Q345A	工艺				

🔺 图9-17　锅炉分汽缸

2. 疏水器焊接装配图

疏水器是用来排水阻汽，是一个自动的阀门，也是一种汽、水分离设备。疏水器的焊接装配图如图 9-18 所示，下面对该图进行识读分析。

（1）概括了解　由图 9-18 标题栏可以看出，该焊接结构的名称为疏水器，立式结构，该结构由 11 种零件组成。其壳体由上、下封头和筒体组成，容器上设有人孔一个，以备检修时使用。

（2）分析视图　该焊接结构装配图进行了简化处理，采用了一个主视图，另一个为俯视图，为了在一张图纸上，俯视图放在了左边，请仔细观察。分析两个识图，容器上开有疏水入口两个、疏水出口管、蒸汽出口管、压力表接管各一个，还设有耳座、人孔法兰等部件。读图可知，该容器的最大工作压力为 1.6MPa。

（3）分析工作原理　疏水器的基本作用是将蒸汽系统中的凝结水、空气和二氧化碳气体尽快排出，同时最大限度地自动防止蒸汽的泄露。

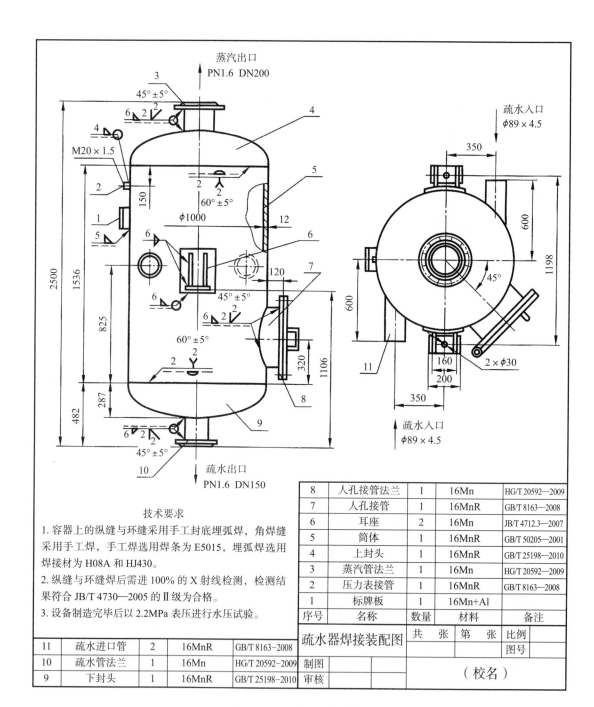

技术要求

1. 容器上的纵缝与环缝采用手工封底埋弧焊，角焊缝采用手工焊，手工焊选用焊条为 E5015，埋弧焊选用焊接材为 H08A 和 HJ430。

2. 纵缝与环缝焊后需进 100% 的 X 射线检测，检测结果符合 JB/T 4730—2005 的 II 级为合格。

3. 设备制造完毕后以 2.2MPa 表压进行水压试验。

8	人孔接管法兰	1	16Mn	HG/T 20592—2009
7	人孔接管	1	16MnR	GB/T 8163—2008
6	耳座	2	16Mn	JB/T 4712.3—2007
5	筒体	1	16MnR	GB/T 50205—2001
4	上封头	1	16MnR	GB/T 25198—2010
3	蒸汽管法兰	1	16Mn	HG/T 20592—2009
2	压力表接管	1	16MnR	GB/T 8163—2008
1	标牌板	1	16Mn+Al	
序号	名称	数量	材料	备注

			疏水器焊接装配图	共　张　第　张	比例
					图号
11	疏水进口管	2	16MnR	GB/T 8163—2008	制图
10	疏水管法兰	1	16Mn	HG/T 20592—2009	审核
9	下封头	1	16MnR	GB/T 25198—2010	（校名）

▲ 图9-18　疏水器焊接图

（4）看懂焊缝符号

图中的焊接代号共有六种，有的已在前面解释，重点说明以下几个：

主视图中，上封头 4、下封头 9 与筒体 5 的焊缝符号相同，其含义为：带钝边 V 型封底焊焊缝，坡口角度为 60°±5°，符号左边的 2 表示钝边高 2mm，符号上方的 2 表示焊前预留间隙 2mm。

人孔接管 7 与筒体 5 的焊缝符号表示：管壁侧的焊脚高为 6mm，器壁侧的焊缝坡口为单边 V 型，坡口角度为 45°±5°，符号左边的 2 表示钝边高 2mm，符号上方的 2 表示焊前预留间隙 2mm。

筒体上下两个出口的焊缝符号与人孔接管 7 与筒体 5 的焊缝符号相同。

压力表接管 2 与筒体的焊缝符号表示：周围角焊缝，焊脚尺寸为 4mm，焊接方法为焊条电弧焊。

（5）分析尺寸及技术要求

该焊接装配图的形状比较简单，为圆筒形。其高 × 直径 × 壁厚 2500mm × 1000mm × 12mm。筒体高 1536mm，疏水进口管至下封头环缝的距离为 825mm，上下封头高 287mm。

读技术要求可知，该容器的焊接方法有两种，一是手工电弧焊，另一种是埋弧焊。手工电弧焊选用焊条为 E5015，埋弧焊选用焊丝为 H08A，焊剂为 HJ430。纵、环焊缝在进行埋弧焊时需要手工焊进行封底，即先在容器的外侧进行埋弧焊，再在内侧用碳弧气刨清根后进行手工封底焊。

拓展提高

在工业生产中，经常需要用金属板材制作零部件或设备，如分离器、通气管道、化工容器、吸尘罩、热风炉、船体等。

分离器、吸尘罩和热风炉薄板零件如图 9-19 所示。制造这类板件时，应先在金属薄板上画出放样图，然后经下料加工成型，最后经焊接或铆接制作而成。

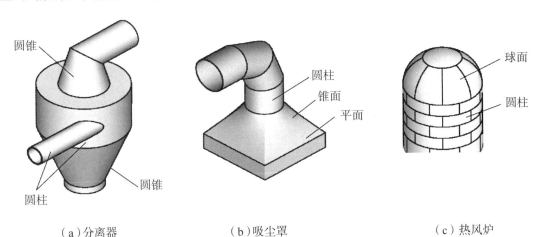

（a）分离器　　　　　　　（b）吸尘罩　　　　　　　（c）热风炉

▲ 图9-19　需展开放样的构件

 船舶类焊接装配图的识读

任务概述

　　船舶工业是为水上交通运输、海洋开发、国防建设等提供技术装配的现代综合性产业，对机电、钢铁、化工、航运、海洋勘探等上、下游产业发展具有较强的拉动作用。改革开放以来，我国的船舶工业有了飞速发展，随着高技术船舶、海洋工程装备及关键配套设备制造能力的明显增强，到 2020 年，我国将进入世界海洋工程装备制造先进国家行列，成为世界上主要的配套设备制造国。

　　本任务将学习船舶结构的基本知识，以及船舶类焊接装配图的初步识读。

任务要点

　　1. 了解船舶结构的基本知识。
　　2. 掌握船舶类焊接装配图的识读要点
　　3. 使学生能初步识看船舶类型，正确识读船舶类焊接装配图。

学习内容

一、船舶概述

　　船舶是水上运输和工程作业的主要工具，其种类繁多、数目庞大，分类标准多。例如按船体材料，有木船、钢船、水泥船和玻璃钢船等；按航行的区域分，有远洋船、近洋船、沿海船和内河船等；按动力装置分，有蒸汽机船、内燃机船、汽轮船和核动力船等；按用途的不同，又可分为客货船、集装箱船、液化气体船、特种货船、科学考察船和渔船等。图 9-20 所示为几种常见的船舶。

（a）集装箱船

（b）旅游客船

（c）液化气船

（d）科考船

⚫ 图9-20 各类船舶

二、船舶焊接基础

作为一名焊接技术工作者，了解船体构造和分段造船工艺的基础知识，对我们识读船舶焊接装配图很有必要。

1. 船体构造

我们以图9-21所示的散装货船为例，解读船体的构造。由图可以看出，此类船体由首部、尾部、上层建筑和若干中段组成。图中的中段数为四，中段数越多，货仓越多，则货船越长。

2. 船体建造

现代的造船技术，对于海洋船，多采用先分段建造、组装，再船体合龙的工艺。即先将首部段、尾部段、若干中部段分开制造，然后在船台上再组装焊接成一个完整的船体。分段组装过程的工作量很大，主要是在车间内把形材和板材焊接成分段，再用平板车将这些分段运输到现场。船体合龙就是在船台上和船坞内把分段组合成船。这个过程难度是比较大的，劳动强度也很高。该过程涉及大量的起重和焊接作业，因为对设备要求较高，该过程是船舶生产中的关键，如图9-22所示。

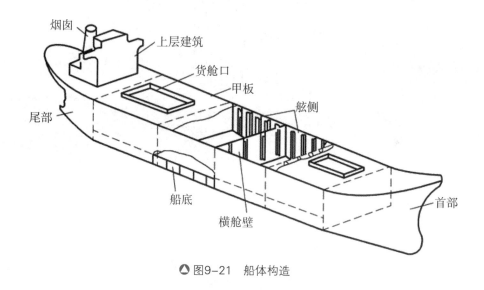

△图9-21 船体构造

（a）船体合龙焊接

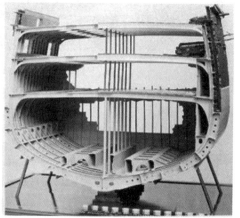

（b）船体中段

△图9-22 船舶制造

三、图例识读

图9-23为船体中段的底板焊接装配图，船底板是指船舶外壳底部钢板，由于船底板各部受力不同，因此其板厚也有所不同，其中平板龙骨最厚。平板龙骨位于受力最大的船底纵中线上，并在船最低处，所以易于积水腐蚀。

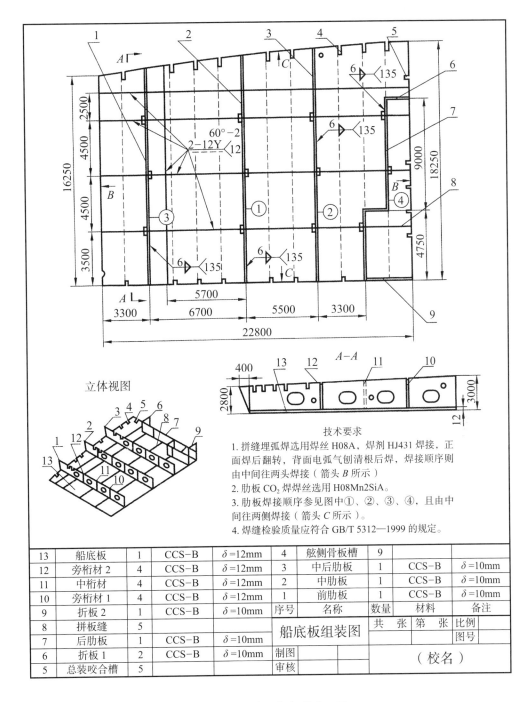

▲图9-23　船底板焊接装配图

技术要求

1. 拼缝埋弧焊选用焊丝 H08A，焊剂 HJ431 焊接，正面焊后翻转，背面电弧气刨清根后焊，焊接顺序则由中间往两头焊接（箭头 B 所示）。
2. 肋板 CO_2 焊焊丝选用 H08Mn2SiA。
3. 肋板焊接顺序参见图中①、②、③、④，且由中间往两侧焊接（箭头 C 所示）。
4. 焊缝检验质量应符合 GB/T 5312—1999 的规定。

13	船底板	1	CCS-B	$\delta=12mm$	4	舷侧骨板槽	9		
12	旁桁材 2	4	CCS-B	$\delta=12mm$	3	中后肋板	1	CCS-B	$\delta=10mm$
11	中桁材	4	CCS-B	$\delta=12mm$	2	中肋板	1	CCS-B	$\delta=10mm$
10	旁桁材 1	4	CCS-B	$\delta=12mm$	1	前肋板	1	CCS-B	$\delta=10mm$
9	折板 2	1	CCS-B	$\delta=10mm$	序号	名称	数量	材料	备注
8	拼板缝	5							
7	后肋板	1	CCS-B	$\delta=10mm$	船底板组装图		共　张　第　张		比例
6	折板 1	2	CCS-B	$\delta=10mm$					图号
5	总装咬合槽	5			制图			（校名）	
					审核				

1. 概括了解

读图 9-23 标题栏可知，该焊接结构为船底板的焊接装配图，共 10 种零件组成，其材料均为船板 CCS-B。船板 CCS-B 属于优质低碳钢板，其力学性能及杂质含量优于同类型的 Q235B。明细栏中有三个不标注材料的构造，是为了说明底板的开槽作用及拼缝位置而设的。

备注栏中说明了板的厚度，其中船底板与桁材板的厚度为 12mm，其余板厚为 10mm。

2. 分析视图

该焊接结构装配图，采用了一个主视图和一个移出的断面图，为了更直观表达底板形状，还画出了立体视图。进一步分析可知，该装配图为中段船底板与肋板的组装图。肋板共有四块，前三块每块板上开有四个长圆形的减重孔，另设有三个圆形气孔。第四块肋板不设减重孔和气孔，但设有折板三块。此外，肋板两侧焊接有三根桁材柱，以增加肋板与底板的连接强度。图中开有舷侧骨板槽 9 个，总装咬合槽 5 个，是为了下一工序铺设舷侧板和总装扣合紧密而设。

通过以上视图分析，应该得到该底板的立体形状（见立体视图）。

3. 看懂焊缝符号

图中的焊接代号共有两种。第一种共四处，是四块肋板与底板的焊接符号，表示双面角焊缝，焊脚高 6mm，尾部 135 表示非惰性气体保护焊，即 CO_2 保护焊。第二种是底板的拼板缝，共五处集中标注，其中的符号 Y 表示带钝边 V 形坡口，下排前一个数字 2，表示钝边 2mm，后一组数字 12 表示焊缝有效厚度为 12mm。上一排第一组数字 V 型坡口角度为 60°，后一个数字 2 表示焊前两板之间预留间隙 2mm。尾部 12 表示焊接方法为埋弧焊。

4. 分析尺寸及技术要求

该焊接装配图为中段船底板与肋板的组装图，其长、宽、高的尺寸是 22800mm×18250mm×3000mm，底板前部宽度尺寸收小至 16250mm。

读技术要求可知，该底板拼板时采用埋弧焊，相应的焊丝选择是 H08A，焊剂为 HJ431。正面焊后翻转，背面碳弧气刨清根后再焊。要先从板的中部往前后两端焊接，以减小变形，图中两个箭头 B 所指即为焊缝焊接顺序。肋板与底板的焊接采用 CO_2 保护焊，相应的焊丝为 H08Mn2SiA。

拓展提高

2017 年 10 月，我国自主建造的国内最大最先进的 LNG（液化天然气）运输船"泛亚"号，正式交付使用，驶离上海，沿"海上丝绸之路"开启首航之旅。这标志着我国 LNG 运输船建造能力达到世界先进水平，如图 9-24 所示。

"泛亚"号是我国海外首个世界级 LNG 生产基地澳大利亚柯蒂斯项目 4 艘同等级 LNG 运输船的首制船，总长 290m、型宽 46.95m、型深 26.25m、设计载重 82500t，体积堪比中型航空母舰。

"泛亚"号集中了当今中国造船最新科技成果，在船型、动力、降噪防振等多方面进行了技术创新，短球艏、低转速、双艉线型优化、全气模式运行、双轴系倾斜布置、机舱及生活区振动模拟等一系列新设计理念在"泛亚"号上得以实现。

◆图9-24 "泛亚"号 LNG运输船

任务六 起重机械焊接装配图的识读

 任务概述 ────────────────────────────────•

起重机械是工程机械的重要大类，是现代工业生产不可缺少的设备，被广泛地应用于各种物料的起重、运输、装卸和人员输送等作业中。

本任务介绍起重机的基础知识，以桥式起重机为例学习工程机械类焊接装配图的识读。

任务要点 ────────────────────────────────•

1. 了解起重机的常见类型及构造。

2. 掌握桥式起重机桥架部件的组成。

3. 使学生初步具备分析起重设备焊接装配图的能力。

学习内容

一、起重机械概述

起重机械按其功能和结构特点，可分为三类：

第一类：轻小型起重设备，其特点是轻便，机构紧凑，动作简单，作业范围投影以点、线为主。

第二类：起重机，其特点是可以使挂在起重吊钩或其他取物装置上的重物在空间实现垂直升降和水平运移。

第三类：升降机，其特点是重物或取物装置只能沿导轨升降。这三类起重机械，又是由许多结构和工作用途不同的机械组成的。

1. 起重机的常见类型

起重机是指在一定范围内垂直提升和水平搬运重物的多动作起重机械，又称吊车。属于物料搬运机械。起重机的工作特点是做间歇性运动，即在一个工作循环中，取料、运移、卸载等动作的相应机构是交替工作的，起重机在市场上的发展和使用越来越广泛。

起重机有很多分类，"吊车""塔吊""天车""行车"等俗称指的就是起重机中的一类或几类。按结构可分为桥架型起重机、缆索型起重机和臂架型起重机三大类。

起重机作为一种重要机械设备，其制造过程中的焊接质量对于起重机的使用性能、使用寿命和装配质量有着直接的影响。因此，要求焊接人员要认真学习，练就高超的技能，为国家机械装备工业多做贡献。图 9-25 所示为现代生产中常见的起重机类型。

（a）桥式起重机

（b）履带式起重机

（c）门式起重机

（d）塔式起重机

⬢ 图9-25　常见起重机类型

2. 桥式起重机构造

桥式起重机是横架于车间、仓库和料场上空进行物料吊运的起重设备。由于它的两端坐落在高大的水泥柱或者金属支架上，形状似桥。桥式起重机的桥架沿铺设在两侧高架上的轨道纵向运行，可以充分利用桥架下面的空间吊运物料，不受地面设备的阻碍。它是使用范围最广、数量最多的一种起重机械。

桥式起重机通常由三大部分组成：机架、机构（包括起升机构、运行机构、旋转机构、变幅机构等）和控制系统，如图9-26所示。

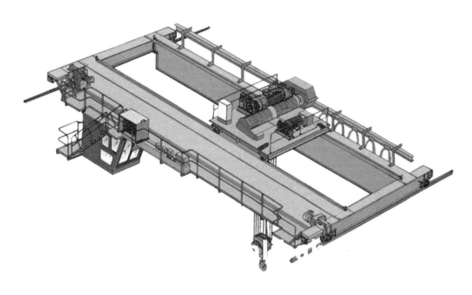

⬢ 图9-26　桥式起重机结构

（1）机架

机架主要由桥架、小车架、操纵室及扶梯等部件组成，构成了起重机的主体。桥架由主梁和端梁组成，分为单主梁桥架和双梁桥架两类。单主梁桥架由单根主梁和位于跨度两边的端梁组成，双梁桥架由两根主梁和端梁组成。主梁与端梁刚性连接，端梁两端装有车轮，用以支承桥架在高架上运行。主梁上焊有轨道，供起重小车运行。

桥式起重机的桥架又称为大车，形状为Ⅱ形，如图9-27所示。其四角处设有大车轮和运行机构，可使起重机沿车间纵向前后运行。大车与小车的配合，即可将重物吊运到车间平面范围内的任一位置。

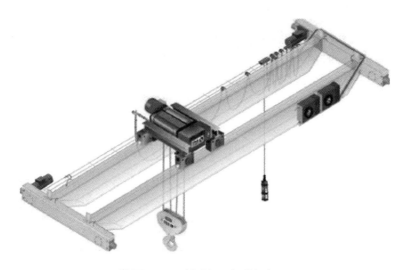

▲图9-27　桥式起重机的桥架

（2）机构

桥式起重机的小车，具有起升和运行两种机构。起升机构包括电动机、制动器、减速器、卷筒和滑轮组。电动机通过减速器带动卷筒转动，使钢丝绳绕上卷筒或从卷筒放下，以升降重物。小车架是支托和安装起升机构和小车运行机构等部件的机架，通常为焊接结构。

小车上设有大、小卷扬机各一台，作起吊重物用。大卷扬机又称大钩，设置在小车中部，小卷扬机又称小钩，设置在小车右边。在大卷扬机的左边，设置有一小的运行机构，为小车在桥架轨道上左右运行提供动力。

（3）控制系统

控制系统设置在操纵室内。重物的吊起与放下，小车在桥架上的左右运行、大车在车间的前后运行均可在操纵室中操作完成。

普通桥式起重机主要采用电力驱动，一般是在司机室内操纵，也有远距离控制的。起重量可达500t，跨度可达60m。大起重量的普通桥式起重机为便于安装和调整，驱动装置常采用万向联轴器。起重机运行机构一般只用4个主动和从动车轮，如果起重量很大，常用增加车轮的办法来降低轮压。

二、图例识读

图 9-28 为一起重机的主梁焊接装配图，是桥架焊接装配图的部装图，识图分析步骤如下：

1. 概括了解

由标题栏可以看出，该焊接结构的名称是主梁焊接装配图。从明细栏中可知，该主梁结构由五种零件组焊而成，即小肋板、水平肋板、上下翼板和腹板，其材料均为 16Mn。

2. 分析视图

该焊接结构件采用了一个主视图和一个 A-A 移出断面图。主梁的长、宽、高分别是 22930mm × 450mm × 1100mm。主梁内部设置有 86 块小肋板和水平肋板，并通过焊接将其与翼板和腹板组焊在一起，各种板的厚度为 12mm。

3. 分析工作原理

主梁是桥式起重机的最主要结构部件，它应具有足够的强度、刚度和稳定性，以保证在规定载荷作用下，不至于发生永久变形造成破坏。主梁一般是由上、下翼板和左、右腹板焊接而成的箱型梁结构，其内部焊有纵向和横向加强筋，保证了主梁的刚度和强度，使其在货物及小车自重的作用下，其变形在规定的范围内。

4. 看懂焊缝符号

在 A-A 移出断面图中，上、下翼板和两个腹板的焊缝符号表示焊脚尺寸为 10mm 的单面角焊缝，根据技术要求可知其采用的是埋弧焊。

在主视图上的两个相同焊缝符号，表示内部肋板之间为双面对称角焊缝，焊脚尺寸为 8mm，采用的是手工电弧焊。

5. 技术要求

在技术要求中提到的上拱度与外弯度要求，是主梁制造中比较特殊的要求，它对保证桥式起重机安全承载和安全运行十分重要。图中要求的焊接方法有两种，即内部焊缝用手工焊，四条外部焊缝采用埋弧焊。埋弧焊选用的焊丝是 H08MnA，焊剂为 HJ431，手弧焊的焊条为 E5015。

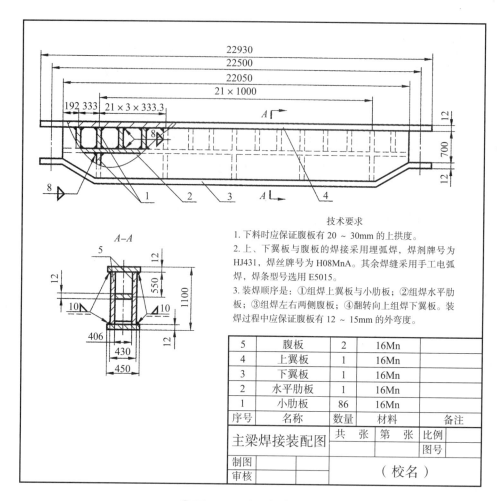

技术要求

1. 下料时应保证腹板有 20 ～ 30mm 的上拱度。
2. 上、下翼板与腹板的焊接采用埋弧焊，焊剂牌号为 HJ431，焊丝牌号为 H08MnA。其余焊缝采用手工电弧焊，焊条型号选用 E5015。
3. 装焊顺序是：①组焊上翼板与小肋板；②组焊水平肋板；③组焊左右两侧腹板；④翻转向上组焊下翼板。装焊过程中应保证腹板有 12 ～ 15mm 的外弯度。

5	腹板	2	16Mn	
4	上翼板	1	16Mn	
3	下翼板	1	16Mn	
2	水平肋板	1	16Mn	
1	小肋板	86	16Mn	
序号	名称	数量	材料	备注
主梁焊接装配图		共　张	第　张	比例
				图号
制图			（校名）	
审核				

▲ 图9-28　主梁焊接装配图

 拓展提高

工程机械行业是我国国民经济发展的重要支柱产业，在我国经济建设，特别是重大工程项目建设、新型城镇化建设中发挥着重要作用。

工程机械是用于工程建设的施工机械的总称，根据统计，工程机械可以分为铲土运输机械、挖掘机械、起重机械、工业车辆等近 20 个大类。图 9-29 所示为几种常见工程机械设备。

（a）挖掘机

（b）装载机

（c）自卸车

（d）起重汽车

🔺 图9-29　常见工程机械

　　改革开放以来，我国工程机械行业坚持创新、协调、绿色、开放、共享的发展理念，全力推进工程机械中国制造向中国创造转变，中国速度向中国质量转变，中国产品向中国品牌转变，加快实施工程机械行业走出去战略，目前，我国工程机械主要产品全面达到国际先进水平，为发展成为制造强国打下了坚实基础。

参考文献

[1] 吕扶才，徐华 . 焊工识图 . 北京：化学工业出版社，2011.

[2] 胡建生 . 焊工识图 . 北京：机械工业出版社，2012.

[3] 王希波 . 焊工识图 . 北京：中国劳动社会保障出版社，2010.

[4] 果连成 . 机械制图 . 北京：中国劳动社会保障出版社，2011.

[5] 林晓新 . 工程制图 . 北京：机械工业出版社，2001.

[6] 陈凤棉 . 压力容器安全技术 . 北京：化学工业出版社，2004.

[7] 邓先军 . 焊接结构生成 . 北京：机械工业出版社，2004.

[8] 宋文革 . 极限配合与技术测量基础 . 北京：中国劳动社会保障出版社，2011.

[9] 张玉明 . 工程制图 . 北京：中国广播电视大学出版社，2001.

[10] 王绍林 . 非机械类制图 . 北京：中国劳动出版社，1993.

[11] 张梦欣 . 机械制图及计算机绘图 . 北京：中国劳动社会保障出版社，2009.